日本エネルギー学会　編
シリーズ　21世紀のエネルギー 14

大容量キャパシタ
— 電気を無駄なくためて賢く使う —

直井　勝彦 編著
堀　　洋一

青木　良康
木下　繁則
佐久間一浩 共著
佐々木正和
白石　壮志
矢島　弘行

コロナ社

日本エネルギー学会
「シリーズ　21世紀のエネルギー」編集委員会

委 員 長　　八木田浩史（日本工業大学）
副委員長　　本藤　祐樹（横浜国立大学）
委　　員　　市川　貴之（広島大学）
（五十音順）　日恵井佳子（電力中央研究所）

(2018年10月現在)

〔執筆者一覧〕
佐久間一浩（さくまかずひろ）（東京農工大学：1章）
木下　繁則（きのしたしげのり）（元 富士電機株式会社：2章）
矢島　弘行（やじまひろゆき）（日本ケミコン株式会社：3章）
佐々木正和（ささきまさかず）（上智大学：4章）
白石　壮志（しらいしそうし）（群馬大学：5章）
青木　良康（あおきよしやす）（青木エナジーコンサルティング：6章）
直井　勝彦（なおいかつひこ）（東京農工大学：6章）
堀　　洋一（ほりよういち）（東京大学：7章）

(2018年11月現在，執筆順)

刊行のことば

　本シリーズが初めて刊行されたのは，2001年4月11日のことである。21世紀に突入するにあたり，この世紀におけるエネルギーはどうなるのか，どうなるべきかをさまざまな角度から考えるという意味がタイトルに込められていた。第1弾は，小島紀徳先生の『21世紀が危ない―環境問題とエネルギー―』であった。当時の本シリーズ編集委員長は堀尾正靭先生であり，小島先生がその後を引き継がれた。ここでは堀尾先生，小島先生の「刊行のことば」を引きながら，シリーズのその後を振り返りつつ，将来に向けての展望を記す。

　『科学技術文明の爆発的な展開が生み出した資源問題，人口問題，地球環境問題は21世紀にもさらに深刻化の一途をたどっており，人類が解決しなければならない大きな課題となっています。なかでも，私たちの生活に深くかかわっている「エネルギー問題」は上記三つのすべてを包括したきわめて大きな広がりと深さを持っているばかりでなく，景気変動や中東問題など，目まぐるしい変化の中にあり，電力規制緩和や炭素税問題，リサイクル論など毎日の新聞やテレビを賑わしています。』とまず書かれている。2007年から2008年にかけて起こったことは，京都議定書の約束期間への突入，その達成の難しさの中で当時の安倍総理による「美しい星50」提案，そして競うかのような世界中からのCO_2削減提案。あの米国ですら2009年にはオバマ政権へ移行し，環境重視政策が打ち出された。このころのもう一つの流れは，原油価格高騰，それに伴うバイオ燃料ブーム。資源価格，廃棄物価格も高騰した。しかし米国を発端とする金融危機から世界規模の不況，そして2008年末には原油価格，資源価格は大暴落した。本稿をまとめているのは2009年2月であるが，たった数か月前には考えもつかなかった有様だ。嵐のような変動が，「エネルギー」を中心とした渦の中に，世界中をたたき込んでいる。

　その後，2011年3月11日，東日本大震災が日本を揺らし，エネルギーをめぐる情勢も大きく揺れて，今日に至っている。原子力発電に対しては，安

全・安心といった面からの見直しが行われつつある。化石燃料から再生可能エネルギーへと舵を切るべく導入された固定価格買取制度は，再生可能エネルギーの導入に対しては大きな効果を上げてきたものの，電力の安定供給と費用負担という観点からは必ずしも十分な成果を上げているとは言い難く，制度の見直しが行われつつある。この間，長年の懸案とされてきた電力・ガスの自由化もスタートした。

地球環境問題に目を転じると，京都議定書から18年，パリ協定は採択からわずか1年足らずというきわめて短期間で発効に至った。気候変動に関する政府間パネル（IPCC）が，産業革命以後の気温上昇を1.5℃に抑えるべきと提言し，温室効果ガスの排出抑制への動きは，より一層高まりつつある。また持続可能な開発目標（SDGs）という将来のあるべき姿に向けて，環境以外の領域を含む目標設定もなされている。

エネルギーは，産業革命以後の人類の発展を支えてきた。21世紀においても，その重要性がなくなることはないであろう。いや，むしろ基本的なインフラとしてエネルギー供給の重要度が増すことは間違いない。

シリーズの発刊から20年近くの時を経て，これまで出版された本シリーズへのご意見やご批判もあろうかと思う。この間の状況の変化に伴い，内容が現在から見た将来とは必ずしも合致しない部分も生じているかもしれない。21世紀という長く，そしてエネルギーにとっては大きな変動の時期を見通すことは難しい。さらに，これからこのようなタイトルを取り上げて欲しいといったご提案もあるかと思う。さまざまなご意見・ご要望は，是非，日本エネルギー学会にお寄せいただければ幸甚である。

また，この場をお借りし，これまで多くの労力を割いていただいた歴代の本シリーズ編集委員各位，著者各位，学会事務局，コロナ社に心から御礼申し上げる。加えて現在，本シリーズは，日本エネルギー学会誌および機関誌「えねるみくす」の編集委員会の委員各位からさまざまなご意見を賜りながら編集を進めている。改めて関係者各位に御礼申し上げる次第である。

2018年11月

　　　　「シリーズ21世紀のエネルギー」 編集委員長　八木田　浩史

は じ め に

　近年，環境汚染や地球温暖化などグローバルな環境問題解決のために，低炭素社会を目指したエネルギー革新が求められている。また，2011年の東日本大震災を契機に，これまで無批判に推進されてきた原発依存型エネルギー政策の盲点が明らかとなり，再生可能エネルギーを大幅に取り入れるなど，これまでとは異なった新体制への移行が急務となった。しかし，多くの問題が絡み合うエネルギー問題を一気に解決することは難しい。そこで，まずは利用可能な多種多様の資源を用途に最適な方法で生み出し，蓄電デバイスとの組合せによる効率的なエネルギーのやりくりをすることが重要となる。また，発電・蓄電デバイスは大容量化のみを追求するのではなく，高度に発展してきたIT技術や新半導体（SiC, GaN）を用いたパワーエレクトロニクス技術，革新的ナノテクノロジー材料創製技術を駆使し，それら異分野の技術や知識を融合させ，新しい価値を生み出していかなければならない。その上で，人や自然に対しての安全性を高め，環境負荷を軽減し，自然エネルギーの利用を促進して，持続可能な分散型エネルギーシステムを構築していく必要がある。いわゆるスマートエネルギー（創エネ・蓄エネ・省エネ）社会の確立である。このような背景の中で，太陽電池，燃料電池などを高効率化し，二次電池と組み合わせたハイブリッド電源により電池寿命を2倍以上に伸ばし，信頼性を高める蓄電デバイスとして"キャパシタ"が改めて注目されてきている。

　蓄電デバイスは，その蓄電機構によりファラデー反応による電池と非ファラデー反応の電気二重層キャパシタ（EDLC）に大別される。携帯電話やデジタルカメラ，ノートPCなどの携帯機器用途から電気自動車やハイブリッド自動車などの大型用途にまで幅広く使用されているリチウムイオン電池（LIB）やニッケル水素電池，鉛蓄電池などは高エネルギー密度であるが，出力密度が小さい。一方，従来のEDLCはエネルギー密度が10 W·h/L程度と小さいため，メモリーバックアップなどの小・中型用途への利用に限られていた。しかし，高出力密度であることから，ハイブリッド自動車やトラックなどのパワーアシスト用途や，フォークリフトや港湾クレーンなどの大型用途においても利用される

ようになってきた。

　最近では，スマートフォンにおけるEDLCの利用が広がっており，月産4 000万個以上が生産されている。米アップル社が，同社のスマートフォン「iPhone」シリーズで積極採用していることも，導入が広がるきっかけとなった。携帯電話機やスマートフォンには，1台当り2〜3個，多い場合には4個以上のEDLCがバックアップ電源用途で搭載されている。最近のスマートフォンでは，瞬時に大電流を必要とするアプリや機能がある。こうした急峻な負荷変動に，主電源であるLIBだけで対応しようとすると，電池の出力変動が大きいため電池容量の減少や，充放電サイクル特性の劣化につながる。キャパシタを補助電源に用いることで，LIBの出力を安定化させ，スマートフォンの利用時間を大幅に延長できるという報告がある。また，従来用いられていたコイン形電池に比べて，リフローはんだ付けに対応できることや，充放電サイクル寿命がきわめて長いなどの理由から，ここに置換需要も高まりキャパシタメーカ（パナソニック，SII，太陽誘電）は生産設備の増強に追われている。このように小型用途において，高エネルギー密度を有したEDLCへの要求が高まっている。

　また，マツダは世界で初めて乗用車にEDLCを用いたエネルギー回生システム「i-ELOOP」を搭載した「アテンザ」を発売した。「i-ELOOP」はEDLCとオルタネータ，DC/DCコンバータを組み合わせており，減速時の回生エネルギーをEDLCに蓄電し，ヘッドライトやカーナビなど電装機器への供給，バッテリーの充電などを行う。それによりオルタネータの負荷が軽減され，ストロングハイブリッド車に匹敵する燃費性能を実現している。採用されたEDLCは日本ケミコンが車載用途に開発したもので，同サイズの従来製品に比較して内部抵抗を約1/3に低減したほか，耐熱性も70℃保証とすることでエンジンルーム内への搭載が可能である。さらに，耐久性・耐震性など環境性能も向上させ，2012年春から生産が開始されている。このように自動車などへの用途が現実的に促進され始め，ますます高エネルギー密度が要求されるとともに，高効率で10年以上の長寿命かつ信頼性のある大容量キャパシタの開発が望まれている。

　なお，第3章の執筆にあたっては日本ケミコン株式会社の宮川尊様に大変お世話になった。また本書編集時には東京農工大学の長野有紀助手に本書全体について表現や用語の入念な確認をしていただいた。ここに謝意を表します。

2018年11月

　　　　　　　　　　　　　　　　　　　　　　　　　　直井勝彦・堀洋一

目　次

1　蓄電デバイスから見た現代社会

1.1　従来の蓄電デバイスの問題点：求められる大きな改善テーマ……………　3
1.2　大容量キャパシタとは ………………………………………………………　5
　1.2.1　キャパシタの技術動向 ……………………………………………………　6
　1.2.2　消費者ニーズ／技術者と開発者との競争 ………………………………　7
　1.2.3　蓄電デバイスの革新こそが世界を変える ………………………………　8

2　キャパシタの仕組み

2.1　電気エネルギーとは ……………………………………………………………　10
　2.1.1　いろいろなエネルギーとエネルギーの流れ ……………………………　10
　2.1.2　電気エネルギーの供給の特徴 ……………………………………………　11
　2.1.3　電気エネルギーとは ………………………………………………………　12
　2.1.4　電気の流れ …………………………………………………………………　13
　2.1.5　電気の粒"電子"とは ……………………………………………………　14
2.2　電気エネルギーをためる仕組み ………………………………………………　16
　2.2.1　電気の素 ……………………………………………………………………　16
　2.2.2　電気の素"電子"をためる蓄電　—誘電体による蓄電— ………………　18
　2.2.3　電気の素"イオン"をためる蓄電 ………………………………………　20
　2.2.4　化学電池の充放電メカニズム ……………………………………………　22

2.2.5　物理電池の蓄電メカニズム ………………………………… 26
2.3　キャパシタが電気をためる仕組み ………………………………… 28
　2.3.1　電気二重層の発見 ……………………………………………… 28
　2.3.2　電気二重層キャパシタ（EDLC）の蓄電原理 ……………… 28
　2.3.3　EDLC の充電メカニズム …………………………………… 29
　2.3.4　EDLC 蓄電部の基本構成と形状 …………………………… 31
　2.3.5　EDLC の等価回路 …………………………………………… 33
　2.3.6　EDLC の特性　— ΩF とカテゴリー — ………………… 34
　2.3.7　EDLC の電圧 ………………………………………………… 36
2.4　電池との比較 …………………………………………………………… 37
　2.4.1　エネルギー密度と出力密度 …………………………………… 37
　2.4.2　寿　　命 ………………………………………………………… 39
　2.4.3　電圧の比較 ……………………………………………………… 43
　2.4.4　温度特性 ………………………………………………………… 44
　2.4.5　残存容量の推定 ………………………………………………… 45
　2.4.6　コ　ス　ト ……………………………………………………… 46
　2.4.7　総合比較 ………………………………………………………… 47
2.5　環境にやさしいキャパシタ …………………………………………… 47
　2.5.1　EDLC の構成材料 ……………………………………………… 48
　2.5.2　EDLC の安全性 ………………………………………………… 49
　2.5.3　耐用年数が長い ………………………………………………… 52
　2.5.4　寿命限界まで使える …………………………………………… 52

3　キャパシタの上手な使い方

3.1　キャパシタの魅力 ……………………………………………………… 53
3.2　エネルギー量の計算 …………………………………………………… 54

目次

- 3.3 充電の仕方，放電の仕方 …………………………………… 55
- 3.4 エネルギー残量と電圧変化 …………………………………… 56
- 3.5 キャパシタの劣化と寿命 ……………………………………… 57
  - 3.5.1 EDLC の寿命 ………………………………………………… 57
  - 3.5.2 劣化の進行 …………………………………………………… 59
  - 3.5.3 劣化のメカニズム …………………………………………… 61
- 3.6 冷却による効果 ………………………………………………… 62
- 3.7 直列接続と並列接続 …………………………………………… 63
- 3.8 バランス回路 …………………………………………………… 64
  - 3.8.1 回路の設計 …………………………………………………… 64
  - 3.8.2 バランス抵抗 ………………………………………………… 67
  - 3.8.3 バランス回路 ………………………………………………… 68
  - 3.8.4 統合 IC ……………………………………………………… 68
- 3.9 アプリケーション ……………………………………………… 69
  - 3.9.1 単純並列 ……………………………………………………… 69
  - 3.9.2 エネルギーバッファ ………………………………………… 70
  - 3.9.3 上乗せ ………………………………………………………… 71
- 3.10 使用上の注意 …………………………………………………… 72
  - 3.10.1 過電圧 ………………………………………………………… 72
  - 3.10.2 過放電 ………………………………………………………… 73
  - 3.10.3 逆電圧 ………………………………………………………… 74
  - 3.10.4 過温度 ………………………………………………………… 74
  - 3.10.5 電圧ドロップ ………………………………………………… 75
  - 3.10.6 二次電池との並列接続 ……………………………………… 75
  - 3.10.7 保管 …………………………………………………………… 75
- 3.11 使うほどわかるキャパシタの魅力 …………………………… 76

4 自動車を走らせるキャパシタ

4.1 これからの自動車はエンジン駆動から電気駆動に変わる ……… 80
  4.1.1 自動車の電動化 …………………………………………… 80
  4.1.2 近年における自動車の電動化の経緯 …………………… 82
4.2 マイクロ/マイルドハイブリッドなど電動補機・電装システムの
    電源として ………………………………………………………… 85
4.3 ハイブリッド自動車の蓄電源として ……………………………… 88
  4.3.1 ハイブリッド自動車の仕組み …………………………… 89
  4.3.2 ハイブリッド車の省エネ効果要因 ……………………… 91
  4.3.3 エネルギー回生を重視するHVへのキャパシタ応用 … 93
  4.3.4 HV用各種蓄電デバイスの比較 ………………………… 97
  4.3.5 HV用各種蓄電デバイスの車載エネルギー容量 ……… 98
  4.3.6 HV用各種蓄電デバイスの寿命比較 …………………… 100
4.4 EV/PHVの電源として ……………………………………………… 102
  4.4.1 EVの電源として ………………………………………… 102
  4.4.2 短区間走行ごとに充電を繰り返すEVバスとキャパシタ … 104
  4.4.3 PHVの電源として ……………………………………… 107
4.5 電動補機ならびに電子電装機器の電源として …………………… 108
4.6 蓄電源から見た自動車の電動化，キャパシタの可能性 ………… 110

5 広がるキャパシタの用途

5.1 従来の使い方 ………………………………………………………… 112
5.2 機器の省エネ用途 …………………………………………………… 113
5.3 電力の安定化用 ── 瞬間電圧低下補償システム ── ………… 115

5.4 再生可能エネルギーの蓄電源として
　　　— 風力発電・太陽光発電など — ………………………………… 116
5.5 その他の用途 ……………………………………………………………… 118
　5.5.1 電動式フォークリフト …………………………………………… 118
　5.5.2 パワーショベル …………………………………………………… 119
　5.5.3 トランスファークレーン ………………………………………… 120
　5.5.4 エ レ ベ ー タ ……………………………………………………… 121
　5.5.5 旅 客 機 …………………………………………………………… 123
　5.5.6 小惑星探査用移動ロボット ……………………………………… 123
　5.5.7 風力発電バックアップシステム ………………………………… 124
5.6 ユビキタスとなるキャパシタ ………………………………………… 125

6 キャパシタの進化

6.1 リチウムイオンキャパシタ …………………………………………… 128
　6.1.1 LiC の原理と特徴 ………………………………………………… 130
　6.1.2 リチウムプレドープ技術 ………………………………………… 131
　6.1.3 LiC の 特 性 ……………………………………………………… 134
　6.1.4 LiC の 寿 命 ……………………………………………………… 136
　6.1.5 LiC の 安 全 性 …………………………………………………… 137
　6.1.6 LiC に期待される用途 …………………………………………… 139
6.2 ナノハイブリッドキャパシタ ………………………………………… 148
6.3 第三世代キャパシタの展開 …………………………………………… 155
6.4 キャパシタの進化によるエネルギー事情の改善 …………………… 159

7 キャパシタが支える 21 世紀の社会

7.1 ガソリンと電気 ………………………………………………………… 163

7.2 モータ/キャパシタ/ワイヤレス ································· 163
　7.2.1 モータ　—モーション制御— ····························· 164
　7.2.2 キャパシタ　—ちょこちょこ充電— ······················· 164
　7.2.3 ワイヤレス　—だらだら給電— ··························· 166
7.3 100年ごとのパラダイムシフト ································ 168
7.4 キャパシタは「エネルギーと知恵の缶詰」······················· 170

引用・参考文献 ·· 173

1 蓄電デバイスから見た現代社会

　近年の電子技術の急速な進展により，電子機器を駆動するための蓄電デバイスの需要が大幅に拡大している。特にスマートフォンの商品化により「リチウムイオン電池の蓄電量」は消費者から非常に期待を集めるようになった。

　例えば，アップル社製スマートフォンの電池容量は2007年の初代iPhoneでは1 400 mA·hだったが，2016年モデルのiPhone 7では1 960 mA·hとなり，9年間で約40％も増加している。さらにアップル社は，電池容量の増量だけでなく，消費電力を考慮したiOSソフトウェアの最適化も進めている。電池容量を増量しても，スマートフォンに搭載可能な「電池容量に限界」があるからである。このようにアップル社をはじめスマートフォン各社は，液晶パネルや電子部品などの周辺デバイスの消費電力を抑える設計に努力をしている。

　それでも私たちは「電池切れの不安」から，どこへ行くにもパソコンやスマートフォン用の数種類の充電アダプタ，ケーブル，外部バッテリーなどを持ち歩いている。読者の皆さんも，電池については「充電時間の短縮」「充電量を大きくしたい」「バッテリーの交換時期は長く」と思っているのではないだろうか。

　しかし，このあたりで，使用する分の容量の電池を持ち運ぶという発想を変えてみてはいかがだろうか。例えば，鉄道やバスなどで利用するICカードのことを思い出してみよう（JR東日本のSuicaや，JR西日本のIcoca，JR東海のManaca，首都圏などで使えるPasmoなど）。使いたい分だけを入金し，不足したら，使いたい分だけを追加で入金するシステムである。これと同じよう

に，電池も使いたいときに使いたい分だけ充電するようにできれば，補助電池を持ち歩く必要はなくなる。

ただし，従来の電池で上記のことを行うには下記の問題点がある。

① 現在のリチウムイオン電池では充電時間がかかる。

→ お茶する時間，買い物する時間内に充電を完了したい。

② 充電する場所が限られる。

→ ショッピングセンターやカフェに常備してほしい。

これらの問題は，急速に充電できる電池が実現すれば，解決できるかもしれない。じつは，本書のテーマである「大容量キャパシタ」がその「急速に充電できる電池」なのである。

話は変わるが，近年は「原子力エネルギー・環境・資源」などの問題が地球的規模で問題提起され

・原子力エネルギー → 自然エネルギー

・ガソリン車 → 脱ガソリン車

・希少金属資源の有効利用 → 非希少金属の利用

の早期の実現が緊急の課題となっている。そして，これらの課題を解決・実現するために，産業機器用の最新の蓄電デバイスへの需要が高まっている。それは，これらの解決・実現に電気自動車の普及の取組みが関わっているからである。

じつは，電気自動車は国が進める「スマートグリッド構想」の一部なのだ。経済産業省はスマートグリッドを「家庭やビル，交通システムをITネットワークで連携し地域でエネルギーを有効活用する次世代の社会システムのキーデバイス」と定義している。そしてそのメリットとして，「自然を利用した発電は天候により発電量は変化します。一方で電力の消費量も朝・昼・夜と変化します。スマート社会では変化する電力の需要と供給をITネットワークでコントロールし，無駄なく安定した電力を活用します」と説明している。このシステムの中で最も重要になるのが大容量電池を搭載する電気自動車なのである。

この自動車用電池には，問題点として下記の4点が挙げられる。

① 大容量リチウムイオン電池は工場での生産工程で「温室効果ガス」の排出量が大きい。
② 大容量リチウムイオン電池は使用済みを処分するときに多くの重金属を含んでいるだけでなく，解体時の取扱いによっては爆発や炎上の危険がある。
③ 希少金属を使用するため，地球環境の親和性には適さない。
④ 寿命が短い。したがって，リユースの仕組みを整えなければならない。

以上，スマートフォンなどに使う民生用電池や電気自動車用電池の問題点を述べてきたが，本章ではそれらの問題点について詳しく考えてみる。

1.1　従来の蓄電デバイスの問題点：求められる大きな改善テーマ

これまで蓄電デバイスに求められたのは，以下の4点であった。

- **エネルギー密度が高いこと**　　エネルギー密度とは，どれだけエネルギーを貯蔵できるかということである。つまり，この数値が大きければ大きいほど長い時間スマートフォンを使うことができることになる。ここで注目していただきたいのは，エネルギー密度を表す「W・h/kg」という単位である。これは，重量当りのエネルギー量ということを表している。いくら「エネルギー量が大きく」ても，「蓄電デバイス自体が重く」ては用途によっては使うことができない。実際，スマートフォンでも自動車でも，重量と容積に制限がある。つまり，蓄電デバイス自体が「軽い」「エネルギー量が大きい」そして「的確な価格」の三拍子が揃わないと用途と合わないのである。
- **使用できる寿命が長いこと**　　寿命の長さは，1回の充放電を1サイクルとして，何サイクル充放電できるかで表される。寿命には，「消費者が期待する寿命」というものがあるが，用途やコストによってその長さは違ってくる。通常の電池は3年くらいで交換だが，用途によっては5年から10年以上の場合もある。

- **充放電効率が高いこと**　　充放電効率とは，充電量100%のエネルギーを基準として，充電で蓄えたエネルギーをどのくらい放電できるかの割合である。つまり放電効率である。100%充電できても，放電が半分しかできなければ，放電効率は50%となる。どのような使用状況でも期待値は90%以上である。
- **コストが安いこと**　　蓄電デバイスに限らず大切なことである。

しかし，駆動させる応用分野が「携帯端末」のような小型モジュールから，「電気自動車」「太陽光・風力などの自然エネルギー充電システム」など大型化するに従って，これまでの蓄電デバイスでは「役割」を果たせなくなってきている。これからの蓄電デバイスに要求される改善テーマは

- パワー密度
- 使用環境温度差の拡大
- 安全性の担保
- 希少金属を使用しない

である。これらのテーマについて，以下で簡単に紹介しよう。

①　**パワー密度**　　瞬間的に最大限に出力できるエネルギー量のことである。パワー密度の単位はW/LもしくはW/kgで表す。つまり，単位体積または単位重量当りに出入りすることのできるエネルギーの量である。この数値が大きければ充電・放電するエネルギーの量が増える。エネルギー密度をパワー密度で割ると，時間単位の充放電特性を評価することができる。

②　**使用環境温度差の拡大**　　使われる最終製品やモジュールがどのような「環境温度」で使用されるかということである。携帯端末は人間が耐えられる環境で使用されることが多い。しかし，自動車や特殊車両（建設機械など），自然エネルギー発電所などでは砂漠から極寒冷地まで極限の使用環境温度で使用される。従来の蓄電デバイスの使用環境温度は$-10 \sim +40$℃であったが，これからの応用分野では$-40 \sim +70$℃までが求められている。過酷な環境で10年以上の寿命が求められる分野では，従来の電池を使用することはできない。

③ **安全性の担保**　近年は飛行機のメインの駆動デバイスにリチウムイオン電池が採用されるようになった。以前，パソコンで電池の発火が問題になったが，材料や構造は違っても，同じ原理のリチウムイオン電池が今も使用されている。また，人間の命を預かる応用分野でも蓄電デバイスが積極的に採用され始めている。したがって，どのような使われ方をしても，「燃えない」「爆発しない」「事前に劣化診断ができる」などの安全性が担保されなければならなくなった。

④ **希少金属を使用しない**　現在の電池の主材料であるリチウム，ニッケル，マンガン，チタンなどは希少な金属である。電池の需要が増大することは良いことだが，地球の希少な資源を際限なしに使用することは未来の地球にとって避けなければならない課題である。

1.2　大容量キャパシタとは

従来の蓄電デバイスの問題点を克服した蓄電デバイスが「大容量キャパシタ」であると述べたが，通常の「キャパシタ＝コンデンサ」と大容量キャパシタとの違いは，**図1.1**に示すように，蓄えられる電気容量（2章参照）の大きさの違いである。

日本では電気を蓄える電子部品を「コンデンサ」と呼称しているが，英語での呼称は「capacitor（キャパシタ）」である。図1.1ではあえてフィルムコン

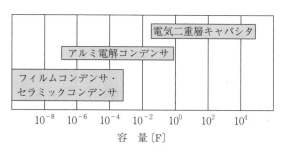

図1.1　キャパシタ（コンデンサ）の種類と容量範囲

デンサ・セラミックコンデンサ，アルミ電解コンデンサ，電気二重層キャパシタで容量別に分類している。日本では容量が μF 程度のキャパシタをコンデンサと呼び，F 以上のものをキャパシタと呼称している。なお，日本でキャパシタと呼称しているものは，英語では「super capacitor」と呼称されている。

以下に，大容量キャパシタの特徴を列挙する。

- パワー密度が従来の電池の 10 倍
- 瞬間的に発生する電気エネルギーも充電することが可能である
- 使用環境温度範囲が広い（－40 ～ +70℃ に耐えられる）
- 充放電を繰り返しても寿命に大きく影響しない
- 低温でも低抵抗である
- 安全性が高い（燃えにくい，爆発しない）（2 章参照）
- 希少金属を使用しない（原料は植物由来）ため，環境負荷が小さい

詳しくは，2 章以降をぜひ読んでいただきたい。

1.2.1　キャパシタの技術動向

近年，リチウムイオン電池を改善する方法として，リチウム電池そのものの改善ではなく，大容量キャパシタの改良が提案されている。具体的にはリチウ

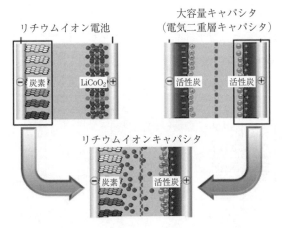

図1.2　リチウムイオンキャパシタ（LiC）
〔提供：日本ケミコン株式会社〕

ムイオンキャパシタ（**図1.2**）やナノハイブリッドキャパシタである（6章参照）。これらはリチウム電池電極と電気二重層電極を組み合わせたハイブリッドキャパシタである。

このハイブリッドキャパシタは電気二重層キャパシタの4倍のエネルギー密度を実現し，期待寿命，使用環境温度，安全性はリチウムイオン電池をはるかに凌ぐものである。**図1.3**にキャパシタの技術動向を示す。

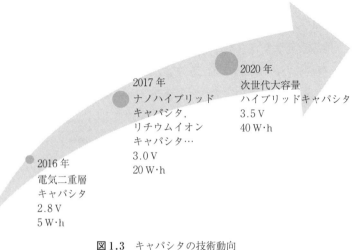

図1.3　キャパシタの技術動向

1.2.2　消費者ニーズ／技術者と開発者との競争

2016年，ソフトバンクが半導体デザイン企業ARM社（英国）を3兆円強で買収したことが話題になった。ソフトバンクがARM社を買収したのは，ARM社がIoT（Internet of Things）で必要不可欠な半導体の開発で世界一だからだそうである。

日常の中で私たちがIoTを利用するときの発信元はスマートフォンになるだろう。つまり，スマートフォンから私たちは家庭の機器や自動車に「指令」を発信する。現在のスマートフォンの機能でも電池容量が不足しているにもかかわらず，機能だけが増していく状況を皆さんはどのように思われるだろうか。

企業は消費者の「シーズ」から「ニーズ」を先取りして「商品化」をする。最近はソフト先行気味で，もはや既存の電子部品ではその商品化には応えられなくなってきている。つまり，電子機器，自動車の機能のこれ以上の発展の成否は「次世代蓄電デバイスの開発」の「飛躍的な進歩」にかかっているのである。

1.2.3 蓄電デバイスの革新こそが世界を変える

現代社会は，少子高齢化，自然災害，エネルギー問題（原子力エネルギーの代替），情報管理などのさまざまな問題がマスコミなどで報じられている。その具体的解決のための技術革新として，「医療技術＝半導体」「ロボット＝人工知能」「IoT＝センサ技術」「スマート社会＝マイクログリッド」など，数えきれないくらいに実現しなければならない技術が目白押しである。

しかし，技術のソフトとアイディアがあっても，その実現を阻むのは「次世代電池」かもしれない。これまでは，あらゆる技術革新のコアには「半導体の革新的成長」があった。皆さんは「ムーアの法則」をご存知だと思う。これは半導体の微細化技術の進展が「毎年2倍の割合で進む」というものである。これは今でも維持されている。しかし，リチウムイオン電池の性能（体積当りのエネルギー）向上はこの20年間で3.5倍に過ぎない。これは半導体の微細化技術の進展スピードに比べると1/10である。

今後，企業，政府，大学が産官学の強い連携で「人・モノ・金」の資本投下を早急に進め，日本が「世界一の蓄電デバイス立国」となるように，関係者は電池，キャパシタなどのデバイスの垣根を超えて技術革新を成功させていきたいと考えている。それこそが，22世紀への技術課題の実現への確実なステップになると確信している。

> ティータイム

電気二重層キャパシタとコンデンサ

　図1.1（5ページ）から，電気二重層キャパシタとコンデンサの容量の違いは明らかである。しかし，読者の中には「電気二重層キャパシタはコンデンサよりもサイズが大きいため容量が大きいのでは？」と疑問をもたれた方もいると思う。図にほぼ同サイズの電気二重層キャパシタと電解コンデンサの実物写真と容量を示す。両者とも電子パーツ店で購入できる一般的なものである。このサイズの電気二重層キャパシタであれば容量は数百 mF から数 F であるが，電解コンデンサでは容量はせいぜい mF のレベルであり，約 1 000 倍も容量が異なる。したがって，電気二重層キャパシタはコンデンサに比べ<u>本質的に</u>高容量なのである。

（a）アルミ電解コンデンサ

（b）電気二重層キャパシタ

図　アルミ電解コンデンサと電気二重層キャパシタの大きさの比較

2 キャパシタの仕組み

　キャパシタは電池と同じように電気をためるものである。しかし，電気をためるキャパシタについて説明する前に，まずは電気とは何かを知ることが大切である。そこで本章では初めに電気とは何か，電気エネルギーとは何かについて，他のエネルギーと比較しながら説明する。

　つぎに，電気（電気エネルギー）をためることとはどんなことかを説明し，よく知られている電気をためる電池と比較しながらキャパシタの仕組みと電気のため方について説明する。

　その後，さらに電池と比較しながらキャパシタの特徴などについても説明する。

2.1 電気エネルギーとは

2.1.1 いろいろなエネルギーとエネルギーの流れ

　人はエアコンで部屋を暖房したり，電気でものを加熱したり，電気でモータを回したりしている。同じように，石油ストーブやガスストーブでも部屋を暖房したりしている。エアコンは電気で動いているので，電気は石油やガスと同じようにエネルギーであることがわかる。

　家庭や工場へのエネルギーの供給の仕方を示したのが**図 2.1**である。図に示したように，石油，ガスや水素は一度タンクに貯蔵し，家庭や工場に供給している。

2.1 電気エネルギーとは　11

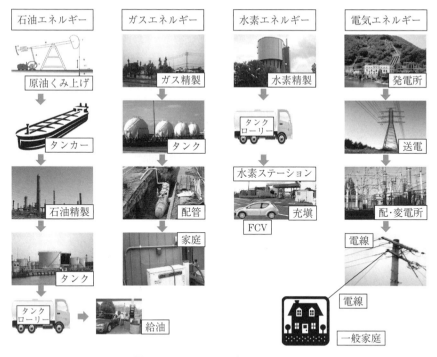

図 2.1　いろいろなエネルギーの流れ

　これらのエネルギーの流れは"作って"，"ためて"，"送って"，"ためて"，"配って"，"使う"となっている。このエネルギー供給の仕組みでは"作った量"と"使う量"とが異なっていても，途中にある"ためる"ところで調整している。つまり，"作った量"が"使う量"より多い場合は余った分は"ためて"，少ない場合は"ためた"分を放出することで，エネルギーの供給のバランスを保っている。

　一方，電気（電気エネルギー）は電線を介して家庭や工場に供給している。

2.1.2　電気エネルギーの供給の特徴

　電気（電気エネルギー）の流れは"作って"，"送って"，"配って"，"使う"となっており，前述の石油，ガス，水素のエネルギーの流れにあった"ためて"がない。この"ためて"がないエネルギーが，電気エネルギーの特徴の一

つである。

電気エネルギーの流れには"ためて"がないことは，言い換えれば，"作った電気の量"と"使う電気の量"がつねに同じでなければならない，すなわち，"同時・同量"であることが必要なエネルギーであることを示している。

"同時・同量"がズレると，電圧変動や周波数変動が大きくなり，規定された変動幅を超えてしまう。このため，現在は負荷の変動を予測し，この予測に合わせて火力発電所や水力発電所の発電量を事前に調整する方法をとっている。

ではなぜ，現在の電気エネルギーの供給は"同時・同量"でなければならないか，次項で"電気の流れ"について説明する。

2.1.3 電気エネルギーとは

電気エネルギーは電線の中を流れる電流によって送られる。発電所で発生した電気は送電線，変電所，配電線を介して家庭や工場に送られる。**図 2.2** に発電所から家庭までの電気エネルギーの流れを示す。

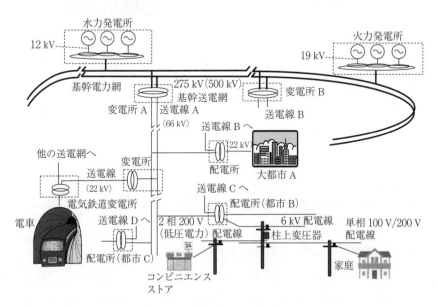

図 2.2 電気エネルギーの流れ

2.1.4 電気の流れ

　電気を作る発電所と電気を使う家庭や工場とは電線で結ばれ，その電線の中を電流†が流れることによって，電気エネルギーが送られる。じつは，電線（例えば銅線）の中の電気の流れとは，"電子"と呼ばれる非常に小さい電気の粒の移動である。

　発電所から家庭や工場までは図2.2に示すようにいろいろな電力網を介して送られているが，原理的には**図2.3**に示すように2本（または3本）の電線で発電所と家庭や工場とがつながっている。これは，発電所につながっている電線の中を流れる電子の流れと電気を使う家庭や工場につながっている電線の中の電子の流れは同じであることを意味している。

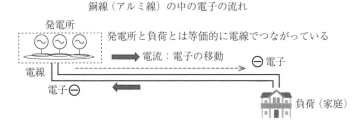

- 発電所では電線の電圧を高めて，電子を送り出し，かつ送り続ける
- 発電所で発生した電子の流れは負荷までの電線の中を流れ続ける
- 発電所で発生した電子の量と負荷で受け取る電子の量は同じ
- 発電所での発生電力＝負荷での吸収電力

図2.3 電気エネルギーの流れの基本

　ガスなどのエネルギーの流れは"作る"ところから"使う"ところまで一方向となっている。これに対し電気エネルギーは2本（または3本）の給電線で発電所から家庭や工場に送られてエネルギーが消費され，エネルギーを失った電気エネルギーは給電線を介して発電所に戻る。言い換えれば，電気エネル

---

† 電流の大きさを表す単位A（アンペア）は，1秒間にどれくらいの量の電子が移動するかを表す。1Aは，1秒間に 6.0×10^{18} 個の電子の移動，つまり1秒間に1C（クーロン）の電荷が移動することを表す。

ギーは循環型エネルギーであることを示している。

このように，電気エネルギーは他の液体や気体のエネルギー供給とはまったく異なった流れで供給される。

電気をためるとは，この電子の流れを止めて蓄えてしまうことである。この電気の粒である"電子"を蓄えることを"蓄電"と呼んでいる。

2.1.5 電気の粒"電子"とは

電線の材料として使われている銅をはじめ，すべての物質は"原子"と呼ばれる物質の素で作られている。この原子の中心には原子核があり，その周りを電気の粒である"電子"がぐるぐる回っている。この"電子"は"負"の電気を帯びており，原子核は"正"の電気を帯び，"負"の電気と"正"の電気の量は同じで，原子としては電気を帯びていない。また，各電子は原子核との間でクーロン力†という力が働いていて，原子の中にとどまっている。しかし，原子核の一番外側を回っている電子は原子の外部からの刺激で簡単に原子から

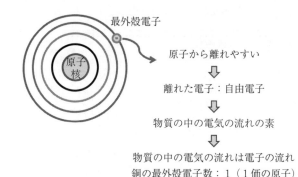

図 2.4　自由電子の発生

---

† 荷電粒子間に働く反発し合ったり，引き合う力のことをクーロン力という。クーロン力の大きさがそれぞれの電荷の積に比例し，距離の 2 乗に反比例することをクーロンの法則（Coulomb's law）という。電磁気学の基本法則。フランス・アングレーム出身の物理学者・土木技術者であるシャルル－オーギュスタン・ド・クーロン（Charles-Augustin de Coulomb, 1736 年 6 月 14 日〜 1806 年 8 月 23 日）は，彼が発明したねじり秤を用いて帯電した物体間に働く力を測定し，クーロンの法則を発見した。電荷の単位の C（クーロン）は彼の名にちなむ。

飛び出せる性質をもっており，この飛び出した電子は"自由電子"と呼ばれている。

電線の材料である銅原子から飛び出した自由電子が電流の素となる。物質の中の自由電子の発生を**図2.4**，物質の中の電気の流れのメカニズムを**図2.5**，電線の中の電気の流れを**図2.6**にそれぞれ示す。

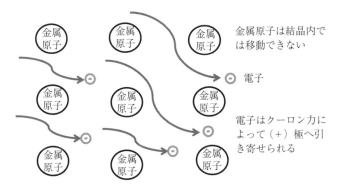

図2.5　物質の中の電気の流れのメカニズム

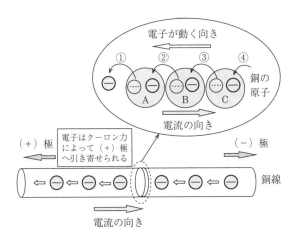

図2.6　電線の中の電気の流れ

2.2 電気エネルギーをためる仕組み

2.2.1 電気の素

　物質の素は原子である。物質内では，隣り合った原子は固く結合し合ってくっついている。すなわち，物質内ではこの原子は移動することができない。一方，原子から飛び出した電子（電子が飛び出した原子はプラスの電気を帯びている）は原子間（物質の中の）を自由に移動することができる。すなわち，物質の中を流れる電気の素は，電子のみである（図2.5）。

　"自由電子"は"原子"の一番外側を回っている電子が飛び出した電子である。この電子がもっている電気の量は 1.9×10^{-6} C（単位はクーロン）で，質量が 9.109×10^{-31} kg である。大きさははっきりとわかっていない。

　一方，電解液などの液体の中ではイオンと呼ばれる電気の粒の移動で電気が流れる。イオンは液体などの物質を構成する分子に電気の素（電子や正孔）がくっついて電気の粒となったもので，マイナスの電気をもった粒はマイナスイオン，プラスの電気をもった粒はプラスイオンと呼ばれる。

　電気の素の分類を図2.7，イオンの模式図を図2.8に示す。

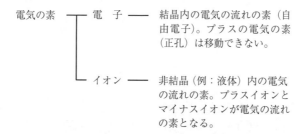

図2.7　電気の素の分類

　図2.8（a）はイオンのサイズが小さい場合，（b）はイオンのサイズが大きい場合で，電気二重層キャパシタ（EDLC：electric double layer capacitor）に使われる電解液に多い。

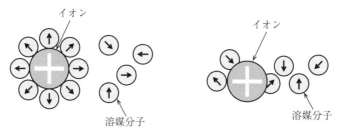

(a) イオンのサイズが小さい場合　(b) イオンのサイズが大きい場合

図2.8　イオンの模式図

　蓄電とは"電気をためる"ことである。"電気をためる"とは電気の素をためることである。電気の素は，"電子"と"イオン"である。電子をためて蓄電する代表的なものとしては，キャパシタ（コンデンサ）がある。イオンをためるものの代表的なものとしては，電池やEDLCがある。EDLCについては2.3節で詳述する。図2.9に電気の素と蓄電デバイスとの関連を示す。

―― ティータイム ――

コンデンサとキャパシタ

　コンデンサは，抵抗，インダクタと並んで，日本では一般的に電気回路で電気を蓄える部品名のカタカナ表記として使われてきている。

　一方，コンデンサの英語表記"condenser"は，英和辞典では"凝縮器"，"液化凝縮器"となっている。電気回路部品の"抵抗"のカタカナ表記は，回路要素がレジスタンス，回路部品がレジスタである。ところが，カタカナ表記のインダクタに対応する日本語表記は特に統一されておらず，"線輪"，"コイル"，"チョーク"などが使われている。なお，インダクタの回路要素のカタカナ表記は"インダクタンス"である。

　ところで，コンデンサは回路要素であり，その正しい英語表記は"capacitor"で，回路素子の英語表記は"capacitance"である。技術用語は英語表記をそのまま，カタカナ表記にすることが多い。"capacitor"のカタカナ表記は"コンデンサ"ではなく，"キャパシタ"が正しく，望ましい。したがって，本章では従来使用してきている"キャパシタ"はそのまま"キャパシタ"を，"コンデンサ"は"コンデンサ（キャパシタ）"と表記する。

18   2. キャパシタの仕組み

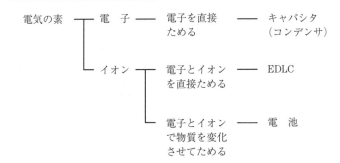

図 2.9　電気の素と蓄電デバイスとの関連

2.2.2　電気の素"電子"をためる蓄電　―誘電体による蓄電―

〔1〕　**固体コンデンサ（キャパシタ）**　　固体コンデンサ（キャパシタ）の蓄電部は誘電体（電気絶縁体）である。誘電体には物質内を自由に移動できる自由電子がなく，そのままでは電気の素である電子を蓄えることはできない。しかし，誘電体に電圧を加える（電界を与える）と，誘電体内の分子（あるいは原子）はプラスの電荷に偏った部分と，マイナスの電荷に偏った部分に分かれる"電子分極"という現象が起き，結果的に電子を蓄えることができるようになる。

図 2.10 に誘電体による蓄電メカニズムを示す。電子分極した分子（極性分子）は電荷の偏りをもっているので，誘電体内では図に示すように，整列したり，あるいは分子内の電子がプラス側に偏ったりする。

誘電体内で整列した極性分子の先端は電極に接し，電極内に対向するプラス，マイナスの電気の素がクーロン力の働きで集まる。これが，固体コンデンサ（キャパシタ）の蓄電メカニズムである。

フィルムコンデンサ（キャパシタ），タンタルコンデンサ（キャパシタ）などの固体コンデンサ（キャパシタ）は，この蓄電メカニズムを利用した蓄電デバイスである。

〔2〕　**アルミ電解コンデンサ（キャパシタ）**　　アルミ電解コンデンサ（キャパシタ）も誘電体を用いた蓄電デバイスである。〔1〕で述べた固体コンデン

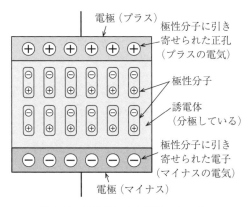

図 2.10　誘電体による蓄電メカニズム

サ（キャパシタ）は誘電体と電極のみで構成されたキャパシタ（コンデンサ）であるが，アルミ電解コンデンサ（キャパシタ）は誘電体と電解質で構成されている。ただし，電解質のイオンは基本的には蓄電に作用しない。

図 2.11 にアルミ電解コンデンサ（キャパシタ）の蓄電部の構造を示す。図中の酸化アルミニウムが図 2.10 に示した誘電体として働き，蓄電する。プラス極のアルミニウムエッチング箔のマイナス極に対向する面は，図に示すように凹凸状になっている。この凹凸面を一様にマイナス極と電気的につなげるために電解質が用いられている。この電解質は電気的にはマイナス極として機能している。

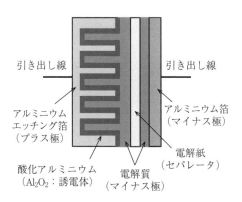

図 2.11　アルミ電解コンデンサ（キャパシタ）の内部構造

2.2.3 電気の素 "イオン" をためる蓄電

〔1〕 **イオンのため方による分類**　電気の素 "イオン" をためて蓄電する蓄電デバイスの分類を図 2.12 に示す。

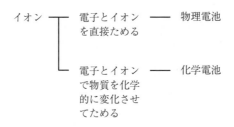

図 2.12 蓄電デバイスの分類

イオンそのものを直接ためる電池を総称して物理電池、イオンによって物質を化学的に変化させて蓄電する電池を総称して化学電池と呼んでいる。物理電池と化学電池の分類を図 2.13 に示す。

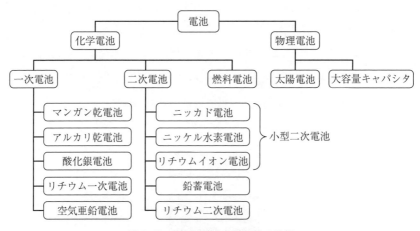

図 2.13 物理電池と化学電池の分類

〔2〕 **電池の分類**　電池は、「化学反応」を伴う「化学電池」と「化学反応」を伴わない「物理電池」に大別される。これらの電池を分類すると図 2.13 のようになる。

化学電池はさらに、一次電池、二次電池、燃料電池に分類される。

- **一次電池** ためた電気を放電するだけで,充電することはできない電池。
- **二次電池** 充放電が可能な充電式電池で,**表2.1**におもな二次電池の種類と仕組みを示す。

表2.1 おもな二次電池の種類と仕組み

電池＼構成	負極	電解質		正極
		溶媒	溶質	
鉛蓄電池	鉛	水	硫酸	酸化鉛
ニッカド電池	カドミウム	水	水酸化カリウム	水酸化ニッケル
ニッケル水素電池	水素吸蔵合金	水	水酸化カリウム	水酸化ニッケル
リチウムイオン電池	カーボン	有機溶媒（カーボネート類）	六フッ化リン酸リチウム（$LiPF_6$）	金属酸化物（$LiCoO_2$）

- **燃料電池** 電気化学反応によって燃料の化学エネルギーから電力を取り出す（＝発電する）電池。燃料には,水素,炭化水素,アルコールなどが

ティータイム

蓄電デバイスの容量表示

　蓄電デバイスは電気エネルギーをためるものであるので,その容量表示はエネルギー表示である。エネルギーの単位はJ（ジュール）であるが,蓄電デバイスによってA･h（アンペアーアワー）,W･h（ワットアワー）が用いられている。

　J: エネルギーを表す単位で,電力〔W〕と時間〔s〕の積で求められる。

　A･h: おもに電池の容量表示として用いられている。電池の場合,電圧がほぼ一定であるので,電流は出力（電力〔W〕）を表せ,電流〔A〕と時間〔h〕の積〔A･h〕で表示している。

　W･h: おもにキャパシタの容量表示として用いられている。キャパシタの場合は電池と異なり,電圧が変動するので,A･hでは表示せず,電力〔W〕と時間〔h〕の積〔W･h〕で表示している。

用いられる。

〔3〕 **化学電池の性能の違い**　化学電池は材料の違いによって，性能に違いがある。**表2.2**に化学電池の性能比較一覧を示す。

表2.2 化学電池の性能比較一覧

	鉛蓄電池	ニッケル水素電池	リチウムイオン電池
エネルギー密度	約 35 W·h/kg	約 60 W·h/kg	約 120 W·h/kg
充放電効率	87%	90%	95%
寿命（サイクル数）	4 500	6 000	3 500
メリット	・比較的安価 ・過充電に強く出力が高い	・過充電・過放電に強い	・エネルギー密度が高い ・自己放電が小さい
デメリット	・浅い充電状態だと電極の劣化が進む ・エネルギー密度が低い	・自己放電が大きい ・水素吸蔵合金が鉛よりもコストが高い	・有機電解液を用いるため安全対策が必要 ・希少金属を使用するのでコストが高い

2.2.4　化学電池の充放電メカニズム

化学電池の充放電メカニズムについては，化学電池の代表である鉛蓄電池を例にとって説明する。

化学電池の充放電は，電極と電解液間でイオンを介して行われる。**図2.14**は電極が電解液に接している状態を示した模式図である。蓄電動作を行うのは，電解液に接した電極の結晶構造 A1 で，結晶構造 A2 や結晶構造 A3 は蓄電動作には加わらない。

充電時の電解液と結晶の動作を**図2.15**で説明する。同図は正極の動作を説明する図である。結晶構造 A1, A2, A3 は結晶 A の 1 個分相当の非常に薄い構造体を表している。結晶構造 A1 は電解液に接しているので，結晶構造 A1 の結晶 A は電解液からイオンを受け取り結晶 B の物質に変化する。電解液のイオンは結晶構造 A1 の結晶のみと接することができる。結晶構造 A2 は電解液のイオンとは接することはできないので結晶 A のままである。

つぎに電子の動きについて説明する。

2.2 電気エネルギーをためる仕組み

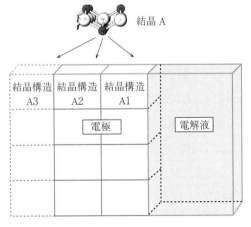

図 2.14 化学電池の電極面

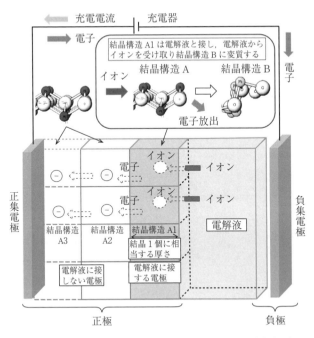

図 2.15 化学電池の充電時の電解液と結晶の動作（模式図）

電解液のイオンは電解液に接した正極の結晶構造 A1 から入り込み（電解液に接していない結晶には自由電子以外は入り込めない），イオンは正極の結晶構造 A1 に取り込まれ，電気の素"電子"を放出する。放出された電子は自由電子となって，正極内の隣接する結晶構造の中を通って正集電極に向かう。正集電極に到達した電子は充電器（電源）を通って負集電極に入り込む。

イオンを取り込み電子を放出した正極の結晶（結晶構造 A1，A2，A3……）は，正電荷をもった別の結晶（結晶 B）に変化する。また，放電のときはこれと逆の動作をする。このように，充電と放電で電極物質は電解液と反応して変化（化学変化）するので，化学電池と呼ばれる。

〔1〕 **鉛蓄電池の仕組みと充放電動作**　　鉛蓄電池の場合，正極が酸化鉛，負極が鉛，電解液が希硫酸である。充電時，正極は硫酸鉛結晶から酸化鉛結晶に変化する。放電時には正極は酸化鉛結晶から硫酸鉛結晶に変化する。

図 2.16 で鉛蓄電池の充放電動作の概要を説明する。

a） 負　極　　充電時に負極材の硫酸鉛（$PbSO_4$）は，正極から移動してきた電子を受け取り，硫酸イオン（SO_4^{2-}）を希硫酸に放出して，鉛（Pb）に変質する。希硫酸に放出された硫酸イオンは，希硫酸の水の水素イオンと結合して硫酸（H_2SO_4）になる。放電時はこれと逆の動作をする。

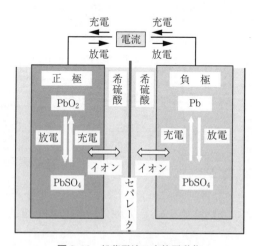

図 2.16　鉛蓄電池の充放電動作

b）正 極　充電時に正極材の硫酸鉛（$PbSO_4$）は，負極に電子を，希硫酸に硫酸イオン（SO_4^{2-}）を放出し，希硫酸の酸素（O_2）と結合して過酸化鉛（PbO_2）に変質する。希硫酸に放出された硫酸イオンは，希硫酸の水の水素イオンと結合して硫酸（H_2SO_4）になる。放電時はこれと逆の動作をする。

〔2〕 **リチウムイオン電池の仕組みと充放電動作**　「リチウムイオン」という名前のとおり，電子の移動にはリチウムイオンが使われる。リチウムイオン電池の仕組みと充放電動作を**図2.17**に示す。

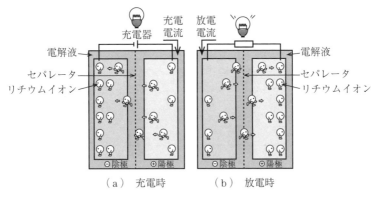

図2.17　リチウムイオン電池の仕組みと充放電動作

電池の内部はリチウムイオンを貯蔵する負極と，リチウムと反応して電子の受け渡しをする正極に分かれている。充放電時にはこのリチウムイオンが（鉛蓄電池の硫酸イオンの反応と比べて）素早く反応するのがリチウムイオン電池の特徴である。

リチウムの最大の特徴は「イオン化傾向」が非常に高いことである。つまり，化学反応が非常に発生しやすい物質だということである。化学電池は化学反応によって電気を発生させているため，化学反応の大きさは電気的エネルギーの高さにつながる。

しかし，化学反応が非常に発生しやすいということは，危険な物質であるということでもある。リチウムと酸素との燃焼反応は驚くほど強いので，水に接すると水に含まれる酸素原子と反応して発火，爆発を起こす可能性がある。

〔3〕 **ニッケル水素電池の仕組みと充放電動作**　ニッケル水素電池の仕組みと充放電動作を図2.18に示す。放電時には水素原子Hが負極の活物質である水素吸蔵合金（MH）から正極の活物質であるオキシ水酸化ニッケルNiO(OH)へと移動し，正極の活物質は水酸化ニッケルNi(OH)$_2$となる。充電時には，逆に水素原子Hが正極の放電生成物であるNi(OH)$_2$から負極の放電生成物である合金金属Mへ移動し，負極はMHとなる。

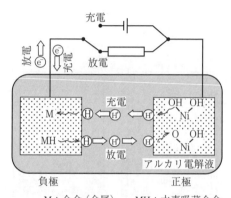

図2.18　ニッケル水素電池の仕組みと充放電動作

2.2.5 物理電池の蓄電メカニズム

物理電池の一つであるEDLCの蓄電メカニズムは，図2.19に示すように，電気二重層の表面のイオンの脱着によるものである。化学電池のような物質の化学変化を伴わず，電気の素であるイオンの脱着という物理現象を用いてい

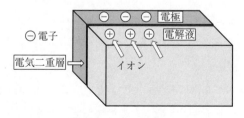

図2.19　EDLCの電極面

る。物理電池と呼ばれる所以である。

もう一つの代表的な物理電池である太陽電池は，光電効果という光が電子にエネルギーを与える物理現象を利用しており，やはり物質の化学変化は伴わない。

ティータイム

ヘルムホルツ

ヘルマン・ルートヴィヒ・フェルディナント・フォン・ヘルムホルツ (Hermann Ludwig Ferdinand von Helmholtz, 1821年8月31日～1894年9月8日) は，ドイツ出身の物理学者，生理学者であり，1879年に電気二重層理論を提唱した。

ヘルムホルツの研究は物理学から生理学まで多岐にわたる。ジェームズ・プレスコット・ジュールが行ってきた熱の仕事当量に関する実験をもとに，熱力学の第一法則を導き出した。1847年，この成果をベルリン物理学会で論文「力の保存について」として発表した。マイヤー，ジュール，ウイリアム・トムソン（ケルビン卿）と並ぶエネルギー保存則の確立者の一人といわれるようになった。

さらに，熱力学に関する知見を化学に応用し，系の全エネルギーを自由エネルギー，温度，エントロピーに関連づけることで，化学反応の方向の決定を可能とした（1882年）。この研究はウィラード・ギブスが独立して行っていたが，発見者としての栄誉は，ギブス-ヘルムホルツの式として，ヘルムホルツ，ギブス双方に与えられた。

生理学の分野では，生理光学，音響生理学における貢献が大きい。トマス・ヤングがかつて提示した光の三原色に関する理論を発展させ（ヤング-ヘルムホルツの三色説），残像の色彩や色盲についての説明を可能にした。音色は，楽音に含まれる倍音の種類，数，強さによって決定されることを明らかにした。また，母音に含まれる振動数と声道の形による共鳴音との関係に関する理論を打ち立てた。また，内耳が音の高さと音色を感知する機能について説明する理論を打ち立てた。

その他，流体力学において，渦の運動に関する数学的原理の確立（1868年），電気二重層の理論（1879年）など，多くの分野で重要な貢献をした。

2.3 キャパシタが電気をためる仕組み

2.3.1 電気二重層の発見

電気二重層現象は1879年にドイツの科学者ヘルムホルツ（Helmholtz, 前頁のティータイム参照）によって発見された現象で，ヘルムホルツ現象とも呼ばれる物理現象である．電解液に金属を浸すと，その金属の周囲に電解液の分子1個相当の厚みの絶縁層（第1層）が生じる．これがヘルムホルツ現象である．図2.20にその模式図を示す．

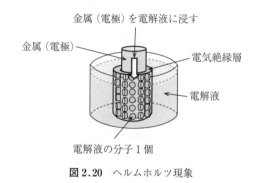

図 2.20　ヘルムホルツ現象

2.3.2 電気二重層キャパシタ（EDLC）の蓄電原理

電気二重層キャパシタ（EDLC）の基本原理図を図2.21に示す．

導電性電極である活性炭と電解液が接触すると，活性炭と電解液の接触界面にヘルムホルツ現象による電解液の分子1個相当の厚み（数十nm）の第1層目絶縁層が形成される．この絶縁層の近傍では，電解液の分子がその周りを取り囲んだ電解液のイオンが拡散して，第2層目の絶縁層が形成され，第1層目と第2層目で二重の絶縁層が形成される．この現象は正極と負極でまったく同じであり，両電極で電気二重層が形成される．第2層の絶縁層から離れた電解液中では，正イオンと負イオンとがほぼ均等に混在する状態となり，この領域

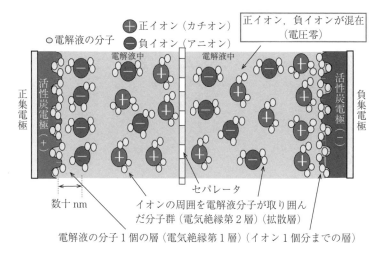

図 2.21 電気二重層キャパシタ（EDLC）の蓄電原理

では電気的に中性の状態となっている（イオンについては 2.2 節を参照）。

活性炭電極に電圧を印加すると、正電圧が印加された電極には負イオンが、負電圧が印加された電極には正イオンが、電解液分子 1 個分の第 1 層目の絶縁層を挟んで吸着される。正負のイオンがそれぞれの電極（活性炭電極）に吸着されることは、電気エネルギーが電極間に蓄積されるのと同じであるので、等価的に静電容量として作用する。

2.3.3 EDLC の充電メカニズム

〔1〕 **充電前の EDLC の内部状態** 充電前、EDLC の内部のイオンは両電極には電圧が加わっていないので、**図 2.22** に示すように、正の電気を帯びたイオン（カチオン）と負の電気を帯びたイオン（アニオン）はそれぞれ溶媒分子に融和されながら、バラバラにランダムになって電気的には中性の状態となっている。

〔2〕 **充電開始の EDLC 内部動作** 図 2.21 の状態で集電極にそれぞれの電圧を加えると、たがいに結合していたイオンに集電極からクーロン力が働く。このクーロン力はイオンどうしの結合力より大きいので、負イオンは正集

2. キャパシタの仕組み

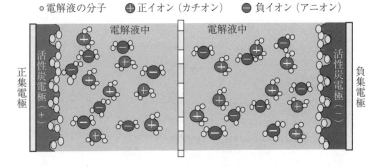

図2.21に示した正イオン（カチオン）と負イオン（アニオン）は，溶媒分子に溶融和されながらバラバラにランダムになっている

図2.22 無充電時のEDLCの内部

電極に，正イオンは負集電極に向かって，**図2.23**のように移動を始める。充電の始まりである。このとき負集電極側にあった負イオンは，セパレータをくぐり抜けて正の活性炭電極に向かう。正の活性炭電極に到達したイオンに対向した正集電極内の電子が，電気二重層を挟んで対峙する。例えばイオンが負であれば，正集電極には正の電荷をもった正孔が対峙する。電気二重層に対峙したイオンと電子はたがいにクーロン力が働き，電荷が移動しない限り，電気二重層面に付着したままとなる。

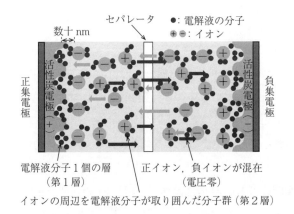

図2.23 EDLCの充電の始まり

〔3〕 **充電終了の EDLC の内部**　図 2.23 に示した充電動作がさらに進むと，EDLC の電圧は上昇していく。この電圧が EDLC の充電電圧の上限に達すれば充電の完了である。この状態の EDLC の内部状態を**図 2.24** に示す。放電の場合はこの逆となる。

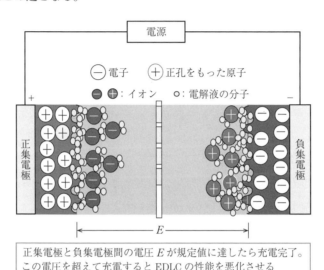

図 2.24　充電完了時の EDLC 内部

2.3.4　EDLC 蓄電部の基本構成と形状

〔1〕 **EDLC 蓄電部の基本構成**　EDLC の蓄電部の基本構成を**図 2.25** に示す。活性炭と導電性結合材などを練り合わせてシート状の活性炭電極にする。この活性炭電極の電流を取り出すアルミニウムの薄板（ここでは集電極と呼ぶ）に塗布後，この活性炭電極に電解液を含浸させて（ここでは分極性電極と呼ぶ），この電極 2 枚の間に正極と負極を電気絶縁するセパレータを挟んだ基本構成を，ここではエレメントと呼ぶ。セパレータは正電極と負電極間に数 V の電圧がかかるので，両電極が直接接触して短絡しないように中間に挿入して電気絶縁するためのものである。

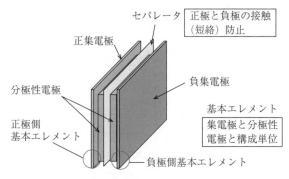

図2.25　EDLC蓄電部の基本構成（エレメント）

このセパレータには，イオンは自由に通過できるような超微細孔をもった紙などの電気絶縁シートを用いている。

〔2〕　**セルの形状**　エレメントを必要枚数並列接続して一つのケースに積層収納し，両電極端子をつけたものが積層形セル，エレメントを円筒状に捲き込んで円筒ケースに収納したのが円筒形セルである。それぞれの外観例を**図2.26**に示す。

（a）円筒形〔提供：日本ケミコン株式会社〕　　（b）積層形〔提供：アイオクサスジャパン株式会社〕

図2.26　EDLCセルの外観

2.3.5 EDLCの等価回路

〔1〕 **EDLCの内部構造**　図2.27は図2.25に示したEDLC蓄電部のエレメントの内部構造を拡大して模式的に示したものである。

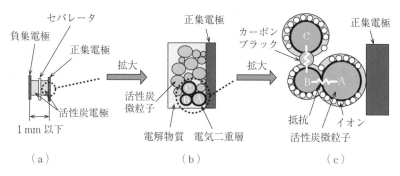

図2.27　エレメントの拡大模式図

図2.27の内部構造では

① 集電極に接する活性炭（活性炭微粒子A）およびその活性炭に直接接する活性炭（活性炭微粒子B）との接触抵抗およびカーボンブラックの電気抵抗がEDLCの内部抵抗で表される。

② 活性炭（活性炭微粒子B）はカーボンブラック（非活性炭）を介して他の活性炭（活性炭微粒子C）につながっている。

③ 活性炭微粒子の周囲にイオンが付着して蓄電するので，活性炭周囲に等価静電容量が存在する。

④ 活性炭の表面へのイオンの付着，離脱によって充放電が行われる。イオンは電解液中を移動して活性炭表面へ付着，離脱する。この電解液中のイオン移動により発生する損失が等価的な電気抵抗である。

〔2〕 **EDLCの等価回路**　キャパシタの等価回路は一般的にはキャパシタ C と内部抵抗 R で表されるが，EDLCは図2.27に示したように活性炭微粒子が集電極周囲で立体的に存在しているので等価回路は分布回路となり，**図2.28**に示す等価回路となる。実用的には**図2.29**に示す簡易等価回路が使用される。

34   2. キャパシタの仕組み

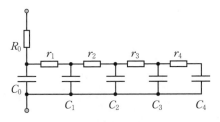

図 2.28 EDLC の等価回路

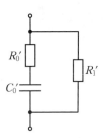

図 2.29 EDLC の実用的な簡易等価回路

2.3.6 EDLC の特性　―ΩF とカテゴリー―

ΩF（オームファラッド）値（単位は秒）は EDLC の内部抵抗と EDLC の静電容量の積で表した値で，EDLC の特性カテゴリーを的確に表す EDLC 独特の特性である。ΩF はつぎのように表される。

$$\Omega F = RC \quad [s] \tag{2.1}$$

ここで，R は EDLC の直流内部抵抗〔Ω〕，C は EDLC の静電容量〔F〕である。ΩF の数値によって EDLC カテゴリーは**図 2.30** のようになる。

図 2.30 ΩF 値と EDLC カテゴリー

ここで高出力形は頻繁に充放電動作を繰り返す用途に適し，高エネルギー形は，UPS（無停電電源装置）などのように充電または放電動作は頻繁には繰り返さないが蓄電容量が大きいことが望まれる場合に適する。

充電時の効率 η_c および放電時の効率 η_{dc} は，充放電時間 t〔s〕と ΩF〔s〕によって次式のように表される[1]†。

$$充電時効率 \quad \eta_c = \frac{1}{1+2\,\Omega F/t} \tag{2.2}$$

$$放電時効率 \quad \eta_{dc} = 1 - \frac{2\,\Omega F}{t} \tag{2.3}$$

上式は，充放電時の効率は特性カテゴリー ΩF の値によって一義的に決まってしまうことを示している。

図 2.31 は一定電流で充電または放電させたときの ΩF 値と充電効率または放電効率の関係を示したものである。図から，充放電効率は ΩF 値によって大きく影響を受けることを示している。また，充放電時間が短い使い方で，高い効率を得るには ΩF 値の小さい EDLC が適していることを示している。つまり，この内部抵抗（R）と静電容量（C）の積の数値，ΩF 値は EDLC 性能カテゴリーを的確に表していることを示している。

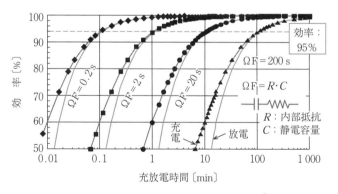

図 2.31　ΩF 値と充電・放電効率との関係[1]

---

†　肩付き番号は巻末の引用・参考文献を示す。

2.3.7 EDLC の電圧

〔1〕 **充放電動作と端子電圧**　EDLCの等価回路は図2.28のような回路であるので，充放電時の端子電圧は内部抵抗の影響を受け，充放電時の端子電圧は**図 2.32**のようになる。図で，太線は端子電圧，細線は外部からは見ることができないEDLCの真の蓄電電圧を示す。また，同図で$\Delta V_1 \sim \Delta V_4$は内部抵抗による電圧降下分である。

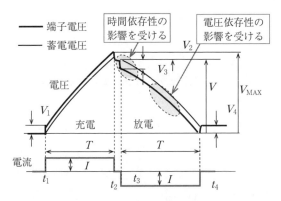

図 2.32　EDLC の充放電動作特性

〔2〕 **蓄電容量の電圧特性**　EDLCの電圧特性の特徴の一つが，静電容量（蓄電容量）が電圧によって変わることである。図2.32に示したように，一定電流で充放電しても端子電圧の変化は直線ではなく歪んでいる。非直線であることは，静電容量が一定でないことを示している。

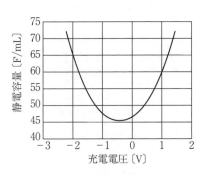

図 2.33　静電容量の電圧依存性[1]

蓄電容量が電圧によって変わる特性の一例を**図 2.33**に示す。

2.4 電池との比較

ここでは，蓄電デバイスの主要項目である下記項目について EDLC の特性を電池と比較して説明する。
① 蓄電性能……エネルギー密度と出力密度（ラゴンプロットによる比較）
② 寿命……カレンダ寿命とサイクル寿命
③ 温度特性……使用可能温度範囲と温度上昇に伴う性能低下
④ 電圧特性……蓄電量と端子電圧の関係
⑤ 残量の測定……あとどのくらい使えるかの予測
⑥ 価格……蓄電量当りいくらで使えるか

2.4.1 エネルギー密度と出力密度

蓄電デバイスの性能は，単位質量当りどのくらい電気をためられるかの性能"エネルギー密度〔kW·h/kg〕"と，単位質量当りどのくらい電気を取り出せるかの性能"出力密度〔kW/kg〕"で比較される。

上記性能で表した蓄電デバイスの一例を**図 2.34**に示す。図から，蓄電デバイスとしては，エネルギー密度の大きい蓄電デバイスと出力密度の大きい蓄電デバイスに二分されていることがわかる。エネルギー密度の大きいデバイスは「エネルギー形デバイス」，出力密度の大きいデバイスは「出力形デバイス」とも称されている。同図から，EDLC は出力形デバイスに属する。

蓄電デバイスを用いた蓄電システムとしての性能比較には，最大出力や最大貯蔵エネルギーがある。**図 2.35**にその一例を示す。図の斜線は充放電時間を示している。例えば，出力 100 kW で 1 分で充電すると，貯蔵エネルギーは 1.7 kW·h になることを示している。

38　　2. キャパシタの仕組み

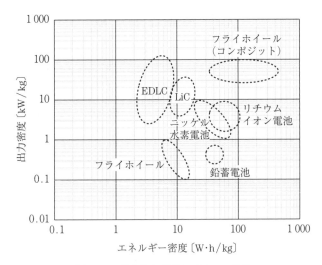

図 2.34　代表的な蓄電デバイスの性能

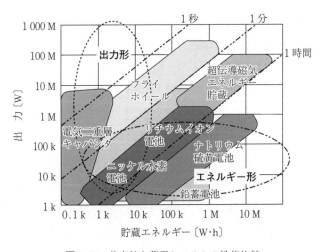

図 2.35　代表的な蓄電システムの性能比較

2.4.2 寿　　　　命

寿命には，カレンダ寿命とサイクル寿命がある。

〔1〕 **カレンダ寿命**　　カレンダ寿命は，経時に伴って特性が劣化することである。カレンダ寿命は，"規定条件のもとで，主要性能である蓄電容量または内部抵抗の変化量が規定値に達するまでの時間"である。

カレンダ寿命と同じような特性に貯蔵寿命がある。貯蔵寿命は無負荷である温度に放置した場合，その特性が劣化して，定められた限度の容量に低下するまでの時間である。

カレンダ寿命はおもに電解液の経時特性に大きく左右される特性である。電池もEDLCも電解液を用いているので，経時とともに劣化する特性を示す。化学電池の代表的な電池として，リチウムイオン電池の経時劣化特性の一例を図2.36に示す。

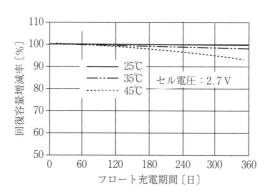

$$回復容量増減率 = \frac{フロート充電^\dagger 後完全充電して得られる放電容量}{フロート貯蔵前の放電容量} \times 100$$

図2.36　リチウムイオン電池の経時劣化特性例[2]

---

†　一定電圧を連続的に印加して充電する方法のこと。

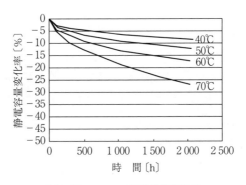

図 2.37 EDLC の経時劣化特性例

物理電池の代表である EDLC の経時劣化特性の一例を**図 2.37** に示す。

図 2.36 と図 2.37 はそれぞれ異なった条件での特性であり，その一例を示したものである。

〔2〕 **EDLC のカレンダ寿命の $\sqrt{t}$ 特性**　一般的な特性劣化は時間に対して直線ではなく，図 2.37 のように曲線になる。図の横軸の時間を $\sqrt{t}$ に書き直すと**図 2.38** のようになる。図から，容量の劣化量は $\sqrt{t}$ に対して直線になることがわかる。

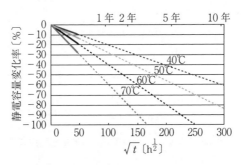

図 2.38 EDLC の経時特性（$\sqrt{t}$ 特性例）

EDLC の経時特性（$\sqrt{t}$ 特性）が直線になることは，後述するように残存容量の推定や残存余命の推定が他の化学電池と比較して簡単にかつ直接推定できる優れた特性である。

2.4 電池との比較

〔3〕 **サイクル寿命（サイクル数）**　サイクル寿命（サイクル数）とは，規定条件の充放電動作をさせたとき，主要性能である蓄電容量または内部抵抗の変化量が規定値に達するまでのサイクル数で表した寿命である。

蓄電デバイスのサイクル寿命は蓄電デバイスの充放電メカニズムに大きく左右されるので，化学電池とEDLCの充放電メカニズムについて説明する。

a）化学電池のサイクル寿命　2.2.4項で説明したように，化学電池の場合，電解液に接した電極結晶は電解液のイオンを取り込んで，電気の素を取り出し，電極内にためる。電子を取り込んだ結晶格子は別の結晶に変化する。鉛蓄電池の場合，正極が酸化鉛，負極が鉛，電解液が希硫酸である。充電時，正極は硫酸鉛結晶から酸化鉛結晶に変化する。放電時には正極は酸化鉛結晶から硫酸鉛結晶に変化する。

化学電池では，充放電によって必ずしもすべてが元の状態の物質に戻るわけではなく，一部は変化せずにそのまま残る。図2.39に鉛蓄電池の内部構成を示す。鉛蓄電池の正極では，PbO_2と$PbSO_4$が行ったり来たりする。$PbSO_4$からPbO_2に戻るとき，その一部は$PbSO_4$のまま残ってしまう。充放電を繰り返すと正極電極の表面に$PbSO_4$が析出し，電子が流れにくくなってしまう。

図2.40に使用後の鉛蓄電池の電極に$PbSO_4$が析出した一例を示す。このように電池性能が劣化する現象がサイクル寿命で，化学電池の避けては通れない

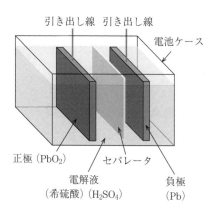

図2.39　鉛蓄電池の内部構成（使用前）

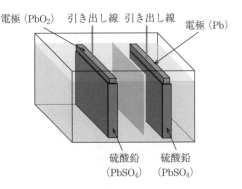

図 2.40 鉛蓄電池の電極（使用後）

寿命特性である。

サイクル寿命は前述のカレンダ寿命とは異なり，電池の種別によって異なる。電池のサイクル耐久性は電池の使用状態（例えば SOC（state of charge，充電状態）や DOD（depth of discharge，放電深度））によって大きく変わってくる。図 2.41 に鉛蓄電池のサイクル寿命の一例を示す。

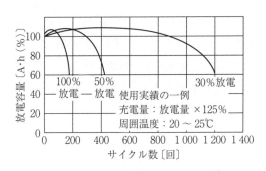

図 2.41 鉛蓄電池のサイクル寿命例 [3]

b） EDLC のサイクル寿命 EDLC の蓄電メカニズムは，2.3 節で説明したように，電気二重層の表面のイオンの脱着によるものである。化学電池のような物質の化学変化を伴わず，電気の素であるイオンの脱着という物理現象を用いた蓄電メカニズムである。このように EDLC の充放電は物理的メカニズムによるものであるので，サイクル数の増大に伴う劣化がない。しかし，使

用サイクル数の増大に伴って経時時間も増大して，経時に伴うカレンダ劣化およびセル温度上昇に伴う劣化が現れる．見かけ上サイクル数による寿命のように現れるが，理論的には EDLC にはサイクル数の制限はない．

2.4.3 電 圧 の 比 較

電池と EDLC の比較項目の中で，際立って異なるのが電圧である．

〔1〕 **電池の電圧**　端子電圧は使用状態や蓄電容量によって少し変動するが，ほぼ一定な蓄電デバイスである．端子電圧がほぼ一定であることは，使用側からみると使い勝手の良いデバイスである．

〔2〕 **EDLC の電圧**

a) 充放蓄動作と端子電圧　EDLC は電池ではなく，キャパシタであるので，端子電圧はキャパシタの特性となる．すなわち，電池のように一定ではなく，蓄電状態によって変動する．

電圧 V は静電容量 C と蓄電容量 Q との間で次式の関係となる．

$$V = \sqrt{\frac{2Q}{C}} \tag{2.4}$$

電池と比較して示すと**図 2.42** のようになる．

b) 蓄電容量の電圧特性　EDLC の電圧特性の特徴の一つが，静電容量

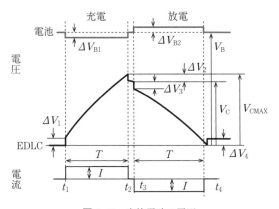

図 2.42　充放電時の電圧

(蓄電容量)が電圧によって変わることである。図2.32に示したように，一定電流で充放電しても端子電圧の変化は直線ではなく歪んでいる。非直線であることは，静電容量が一定でないことを示している。

2.4.4 温 度 特 性

蓄電デバイスの温度特性としては，蓄電容量と内部抵抗である。

〔1〕 **蓄 電 容 量**　蓄電容量の温度特性は蓄電デバイスの蓄電メカニズムによって大きく左右されるので，電池とEDLCで温度特性は異なる。

a）電　池　化学電池は一般的に，低温になるほど蓄電性能が悪くなる。代表的な化学電池であるリチウムイオン電池の温度特性の一例を**図2.43**に示す。

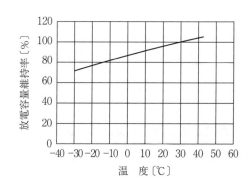

$$\text{放電容量維持率}[\%] = \frac{\text{各温度での}C/3\text{の放電容量}}{25℃\text{での}C/3\text{の放電容量}} \times 100$$
（充電は25℃で実施）

1Cは満充電状態の電池から1時間で完全に放電されるときの電流値。C/3は3時間で完全に放電する電流を流すことを示す。

図2.43 電池の温度特性[2]

b）EDLC　EDLCは電気二重層を挟んでイオンの脱着による蓄電メカニズムであるので，蓄電容量（EDLCの場合，静電容量）は本質的に温度の影響を受けない蓄電メカニズムである。**図2.44**に25℃のときの静電容量と比較

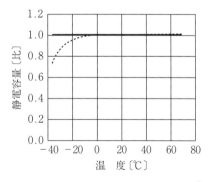

図 2.44 EDLC の静電容量の温度特性例 [2]

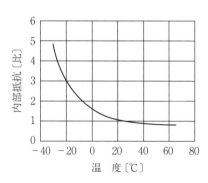

図 2.45 EDLC の内部抵抗の温度特性例

した EDLC の温度特性例を示す。図の破線は文献 2) に示された特性である。その後の検討により静電容量の温度による影響はなく，図の実線で示すように一定であることが判明した [4]。

〔2〕 **内 部 抵 抗** 電池，EDLC ともに電解液を用いた蓄電デバイスである。電解液を用いた蓄電デバイスの内部抵抗の特性は，この電解液の導電性の温度特性によってほぼ決まってしまう。したがって，電池も EDLC も内部抵抗の温度特性はほぼ同じとなる。EDLC の内部抵抗の温度特性の一例を**図 2.45**に示す。同図は 25℃ のときの内部抵抗を基準に示したものである。

2.4.5 残存容量の推定

蓄電デバイスを利用する上で重要な特性の一つが，あとどのくらい使えるかの残存容量の推定である。残存容量の推定では，EDLC は大きな特徴をもっている。

〔1〕 **電　　池**　電池の場合，蓄電容量を直接表す項目はない。このため，蓄電容量を知るには，電池の各種パラメータから蓄電容量を間接的に推定する方法が採用されている。この方法では，蓄電容量の推定精度は各種パラメータと蓄電容量との関係の精度に大きく左右される。

〔2〕 **EDLC**　EDLC の蓄電量 Q は次式で表される。

$$Q = \frac{CV^2}{2} \tag{2.5}$$

式からEDLCの蓄電量は静電容量と端子電圧から直接，かつ簡単に推定することができる。このEDLCの蓄電量推定は他の電池ではできない大きな特徴である。2.4.2項で説明したように，EDLCの劣化は$\sqrt{t}$特性が直線であることから，EDLCの劣化を簡単にかつ正確に知ることができる。この特性を使えば，EDLCを寿命限界まで使いこなせる。以下，その方法を説明する。

図2.46を用いて静電容量の劣化状態の推定と残存余命の推定について説明する。図はEDLCの劣化の$\sqrt{t}$特性である。使用中の現時点で，静電容量の計測値がC_xであるので，$\sqrt{t}$特性から寿命時間T_xである。規定寿命はTであるので，$\sqrt{t}$特性から残存余命時間はΔTであることがわかる。

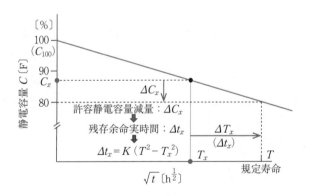

図2.46　EDLCの劣化状態，残存余命推定

2.4.6　コスト

製品価格は材料費，製造費，管理費で決定される。材料費が製造費に比べて低ければ，価格は生産量の増大に応じて下がる。この場合，一般的には，生産量が一桁増大するとコストは半減するといわれている。

EDLCの場合，主要構成材料は活性炭，アルミニウム，紙，電解液であり，いずれも安価な材料であるので，上述の生産量とコストの関係が当てはまる製

品であるといえる．すなわち，現状より生産量が10倍になると，製品価格は現状の半分になると期待される．

2.4.7 総 合 比 較

前述の各項目について，電池とEDLCとの総合比較の一覧表を**表2.3**に示す．同表はEDLCがエネルギー密度とコスト以外の特性は他の電池を凌駕していることを示している．コストは将来生産量の拡大によって下がっていくと期待される．

表2.3 電池とEDLCの総合比較

特　性	EDLC	鉛蓄電池	リチウム イオン電池	ニッケル 水素電池	フライ ホイール
エネルギー密度 〔W·h/kg〕	×	△	◎	○	○
出力密度〔W/kg〕	◎	△	○	△	◎
コスト〔円/W·h〕	×	◎	○	△	○
性能向上の期待	◎	△	○	△	×
コスト低減の期待	◎	△	○	△	×
対環境性	◎	△	△	△	◎
特性劣化および 残存余命推定	◎	△	○	△	◎

◎：優　○：良　△：可　×：要求未達

2.5　環境にやさしいキャパシタ

環境にやさしい"蓄電デバイス"とは
① 環境に害を及ぼす金属を使わない
② 発火や爆発をしない
③ 耐久年数が長い

である．

本節ではEDLCが環境にやさしい蓄電デバイスであることを説明する．

2.5.1 EDLCの構成材料

〔1〕 **EDLCの構成材料**　　EDLCの構成材料は
- アルミニウム
- 活性炭
- 電解液
- バインダ
- 紙
- アクリルゴム
- ナイロン
- 合成ゴム

であり，いずれも市場で流通している材料でリサイクル100％の素材である。EDLCは貴金属のような高価な材料は使用しておらず，いずれも安価な素材である。

〔2〕 **EDLCの環境負荷**　　LCA (life cycle assessment)（ティータイム参照）はライフサイクル全体でその製品がどの程度環境に影響を与えるかを数値化して表したもので，数値が小さいほど環境への影響が小さいことを示している。

表2.4は製品をリサイクルしない場合の単位充電量当りの環境影響物質の排出量を示したもので，表2.5はリサイクルした場合の表2.4に対応した数値である。

表2.4，表2.5から，EDLCのLCAは通常の電池に比べ，約1/30になって

表2.4　EDLCのLCA（リサイクルなし）

充電量当り	化石燃料費 〔kcal/kW·h〕	CO_2排出量 〔g-C/kW·h〕	SO_x排出量 〔mg/kW·h〕	NO_x排出量 〔mg/kW·h〕
電池平均値	3 863	2 260	976	1 285
EDLC	135	8	28	38

対象電池：鉛，ニッカド，ニッケル水素，Na-NiCl$_2$，Zn-Air，リチウムイオン
資料提供：アイオクサスジャパン株式会社

2.5 環境にやさしいキャパシタ

表 2.5 EDLC の LCA（リサイクルあり）

充電量当り	化石燃料費 〔kcal/kW·h〕	CO_2 排出量 〔g-C/kW·h〕	SO_x 排出量 〔mg/kW·h〕	NO_x 排出量 〔mg/kW·h〕
電池平均値	3 440	227	847	1 107
EDLC	123	7	24	18

対象電池：鉛，ニッカド，ニッケル水素，Na-NiCl$_2$，Zn-Air，リチウムイオン
資料提供：アイオクサスジャパン株式会社

いることがわかる。このことから，EDLC は環境に非常にやさしい蓄電デバイスであるといえる。

2.5.2 EDLC の安全性

使う側から見た EDLC の安全性とは，異常な環境状態や異常な使用状態でも，人に火災，爆発などの危害が及ばないことである。

異常な状態としては

- EDLC の端子短絡発生
- クラッシャーによる内部短絡
- 周囲の火災発生
- 高温環境での使用
- 過電圧充電

がある。

(ティータイム)

LCA

製品のライフサイクルとは，製品の一生を意味している。つまり，その製品を作るために必要な材料の原料に必要な資源の採掘工程から材料，製品を製造し，使用され，最終処分されるまでが製品の一生である。

製品のライフサイクル全体で，使用されるエネルギーや天然資源，また，ライフサイクル全体から環境へ排出される大気汚染物質，水質汚濁物質，廃棄物，副製品などを定量的，客観的かつ科学的に分析し，環境影響の可能性を評価したのが LCA である。

〔1〕 **端子直接短絡試験**　EDLC使用上，最も発生する可能性がある現象が"短絡"である。そのため，セルおよびモジュール状態での端子を直接短絡させて，短絡によって"発火"，"爆発"，"燃焼"，"発煙"が発生しないか試験が行われている。短絡試験によって，発火，爆発，燃焼，発煙はないことが確認されている。

〔2〕 **釘刺し試験**　この試験は，モジュールまたは装置のクラッシュなどによってセル内部で短絡状態の発生を模擬した安全性確認試験である。

定格電圧に充電されたセルに釘を打ち込む試験である。**図2.47**はこの試験を行った直後のセルの状態写真である。同試験では，釘刺しによってセル内部で短絡が発生すると，セルに蓄えられたエネルギーによりセルの内部抵抗や短絡部の抵抗部で発熱するが，セルの熱容量や熱抵抗などの関係でセル全体の温度上昇が発火，爆発，発煙を引き起こさないことを示している。

図2.47　EDLCの釘刺し試験〔提供：アイオクサスジャパン株式会社〕

〔3〕 **耐火試験**　セルが火災に遭遇し，火炎に包まれた場合を想定した試験である。**図2.48**に示すように，充電されたセルの側面から直接ガストーチの炎を当ててセルの耐火性能を確認する。この耐火試験では，セルは炎を浴びても，発火，爆発および発煙することなく，耐火性があることを示している。

図 2.48　EDLC の耐火試験〔提供：アイオクサスジャパン株式会社〕

〔4〕**過電圧試験**　EDLC は，短時間であれば定格電圧よりも高い電圧で使用可能である。そのため，定格電圧より高い過電圧でも安全であることを確認する試験である。

図 2.49 に示すように，定格電圧の 2 倍の過電圧に充電して試験する。この過電圧試験では，定格電圧の 2 倍の過電圧に充電されても，破裂，発煙もなく 2 倍の過電圧耐量があることを示している。

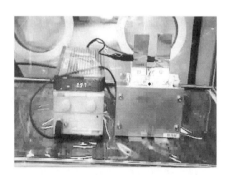

図 2.49　EDLC の過電圧試験〔提供：アイオクサスジャパン株式会社〕

2.5.3　耐用年数が長い

2.4節で説明したように，EDLCは
- サイクル劣化がない
- SOCの大小によって劣化がない

という特性をもつので，他の電池に比べ長く使用でき，耐用年数の長い蓄電デバイスである。

2.5.4　寿命限界まで使える

2.4.5項で説明したように，EDLCの劣化は $\sqrt{t}$ 特性で，直線であることから，EDLCの劣化を簡単にかつ正確に知ることができる。つまり，現時点の劣化状態（静電容量 C_x）と規定寿命までの残存余命を簡単に知ることができる。この特性を使えば，EDLCを寿命限界ぎりぎりまで使用することが可能となる。

寿命限界までEDLCを使いこなす一例を図 2.50 に示す。

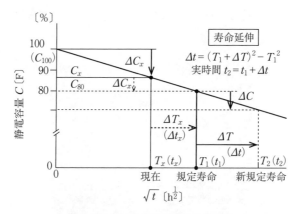

図 2.50　EDLCを寿命限界まで使用

EDLCの規定寿命時の静電容量は C_{80} である。この静電容量に対し，さらに静電容量の劣化量 ΔC を許すと規定寿命に達してもさらに $\sqrt{t}$ 特性で ΔT（実時間で Δt）延ばせる。

3 キャパシタの上手な使い方

前章までに述べてきたように,大容量キャパシタはこれまでになかったタイプの蓄電デバイスである。一番の魅力は,他の蓄電デバイスが苦手としてきた特性を補う特徴をもっていることだろう。しかし使い方を間違えば,その魅力を引き出せないばかりか,故障や事故につながることもある。

本章では,実際に機器に組み込んで使用することを想定し,エネルギー量の計算方法や使用上の注意事項,寿命や劣化のメカニズムにも触れながら,キャパシタの上手な使い方について述べていく。

3.1 キャパシタの魅力

キャパシタのおもな特徴を改めて書き出すとつぎのようになる。
- 優れたサイクル特性（長寿命）
- 大電流による急速充放電が可能（高い出力密度）
- 充放電時の損失が少ない（低い内部抵抗）
- 完全放電が可能（ただし,LiC には下限電圧あり）
- 構成材料に重金属を含まない（環境へのやさしさ）
- 外部短絡しても故障しない（異常時の安全性）

蓄電デバイスとしての位置づけを,出力密度とエネルギー密度を基準に簡単な模式図にすると図3.1のようになる。キャパシタは,出力密度で勝るコンデンサとエネルギー密度で勝る二次電池の中間を補完する性質をもっているこ

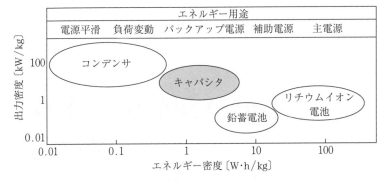

図 3.1 蓄電デバイスの位置づけ

とがわかる。用途でいえば、きわめて短時間の電源平滑用や負荷変動用途には、アルミ電解コンデンサやセラミックコンデンサなどのいわゆるコンデンサが適し、主電源や補助電源に用いるのであれば二次電池が向いている。キャパシタはその中間的な用途に最も適しており、実際、回生エネルギーの蓄電やピーク電力のアシスト、電力の貯蔵と安定化など広い範囲で実用化されている。

3.2 エネルギー量の計算

キャパシタのエネルギー量はどのようにして計算するのだろうか。

キャパシタの静電容量はFで表されるが、エネルギー量は一般的にW・h（ワットアワー）またはJ（ジュール）が用いられる。二次電池の多くはA・h（アンペアアワー）を使用しているが、キャパシタがW・hで表されることには理由がある。それぞれの計算式はつぎのとおりである。

W・h＝V(電圧)×A(電流)×h(時間)

A・h＝A(電流)×h(時間)

3.4節で詳しく触れるが、二次電池は充電量に伴う電圧の変化が少ないが、キャパシタは充電量によって電圧が大きく変化する。そのため、電圧変動による影響が大きくなるキャパシタはW・h、電圧変動が少ない電池はA・hで表さ

れている。

キャパシタのエネルギー量〔J〕は次式で計算できる。

$$\text{エネルギー量〔J〕} = \frac{1}{2} \times \text{静電容量〔F〕} \times \text{電圧〔V〕の2乗}$$

1 W·h は 3 600 J なので，上記の式で求めた値を 3 600 で割れば W·h に換算できる。

ここで，つぎの定格の EDLC を例に挙げてエネルギー量〔W·h〕を計算してみよう。

定格電圧：2.5 V　静電容量：1 200 F

この EDLC のエネルギー量は次式で算出できる。

$$\frac{1}{2} \times 1\,200\,〔F〕 \times 2.5\,〔V〕^2 \times \frac{1}{3\,600}$$

計算の結果，この EDLC のエネルギー量は約 1 W·h である。

3.3　充電の仕方，放電の仕方

電源を用いた充電方法には，一般的に定電圧充電，定電流充電および定電力充電がある。この中で定電流充電が最も効率良くキャパシタに充電ができる。これは，セル内部での損失を最小に抑えられるためである。

キャパシタは内部抵抗が低いので，電流制限のない電源で充電した場合，電源に過電流が流れることがある。その場合，電源の回路が壊れたり，ヒューズが飛んだりするなど電源の損傷に至る可能性がある。そのため，キャパシタへの充電には電流制限付きの電源を使用する必要がある。また，キャパシタには定格電圧があるので，これを超えないように電源側での制御が必要である。

一方，実際に使用する機器の放電においては定電力放電が多く使われる。定電力放電では，放電が進むほど電圧の降下幅が大きくなるため，放電末期においては急速に機器が要求する下限電圧に至ってしまう（**図 3.2**）。対策として，

56   3. キャパシタの上手な使い方

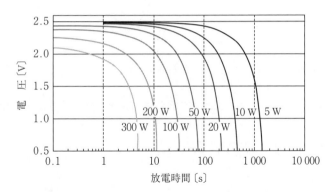

図 3.2 定電力放電グラフ（2.5 V に充電後，定電力放電）

機器側で下限電圧を制御するか，機器の設計段階で EDLC のエネルギー量に余裕をもたせた仕様にしておく必要がある。

また，LiC などの下限電圧のあるキャパシタは，その電圧を下回らないように機器側での制御が必要である。

3.4 エネルギー残量と電圧変化

キャパシタは，保持しているエネルギー量の変化に伴って電圧が変化する。

図 3.3 は放電に伴う EDLC の電圧変化を表したグラフである。放電が進むにつれて，一定の割合で電圧が下がっているのがわかる。

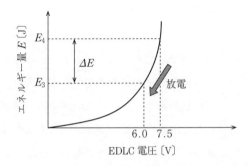

図 3.3 放電に伴う電圧の変化

キャパシタのエネルギー残量は，電圧の2乗に比例している。電圧が0Vになった時点で，蓄電したエネルギー量も0になる。この性質を利用すれば，端子電圧を測定することでエネルギー残量を正確に知ることが可能である。使用条件によって電圧とエネルギー残量の関係が変わってしまう二次電池に対して，簡易な方法でエネルギー残量を知ることができる点はキャパシタの大きな利点といえるだろう。

一方，0Vまで放電できるキャパシタは，二次電池に比べて電圧の変動が大きい。そのため用途によってはDC/DCコンバータを使った電圧の安定化が必要になる。近年ではDC/DCコンバータの高性能化が進み，キャパシタの高度な制御を容易にしている。

3.5 キャパシタの劣化と寿命

どのような電子部品でも，上手に使いこなすためにはその部品がもつ特徴をよく知る必要がある。キャパシタがもつ優れた面を引き出して使うことができれば，キャパシタは多くのエンジニアにとって力強い味方になるはずだ。

特に機器を開発する上で重要な要素になるのが寿命である。それを知ることで安全性への十分な配慮ができるばかりか，寿命を最大限に有効活用した機器開発も可能になるだろう。

キャパシタの寿命については2.4.2項において，カレンダ寿命の考え方のほか，電池との比較を交えながらサイクル寿命についても述べている。ここではより実践的に，設計した機器に組み込んだ使用上のテクニックを中心に述べたいと思う。

3.5.1 EDLCの寿命

EDLCは一般的な二次電池に比べるときわめて寿命が長いが，もちろん劣化しないわけではない。EDLCにも寿命が規定されており，時間とともに性能は劣化する。性能の劣化が進めばやがて寿命を迎えることになり，他の蓄電デバ

イスと同様に交換が必要になる。しかし当然のことながら，組み込んだ機器よりも EDLC の寿命のほうが長ければ交換は無用になり，メンテナンスフリーの機器を開発することができる。長寿命を利点とする EDLC であればこそ，劣化のメカニズムを知り，少しでもその寿命を長く使えるようにしたい。

ところで，EDLC の寿命とはどのようにして決められるのだろうか。EDLC メーカが発行するカタログには必ず寿命の表記があるが，多くの場合，EDLC の寿命は容量減少率と抵抗増加率で決められている。EDLC の静電容量が使用開始時から一定割合減少したとき，あるいは内部抵抗が一定割合増加したときに寿命を迎えたと判断されている。

一方，交換時期という見方をすると，搭載される機器により最低限必要とされる静電容量や内部抵抗が異なるため一定ではない。ある機器では静電容量が 20％減少すると交換が必要になるが，別の機器では 30％減少しても使い続けることができる。どの時点で寿命を迎えたと判断するかは，設計される機器により決められることになる。そのため，EDLC メーカが製品を保証するために定めた製品寿命（耐久性）と実際の交換時期は必ずしも一致しない。参考として，メーカが保証する EDLC の耐久性の例を挙げる。

60℃において定格電圧を 2 000 時間印加後，20℃に復帰させて測定を行ったとき，下記を満足すること。

容量変化率： 初期値の ± 30％以内

内部抵抗変化率： ＋ 200％以下

上記の例において，定格電圧 2.5 V，静電容量 1 000 F，内部抵抗 1.0 mΩ のセルの場合を考えてみる。60℃の使用環境において 2.5 V の電圧を 2 000 時間印加した後，20℃に復帰させてから測定を行ったときに，静電容量は 700 F を下回らず（1 300 F を上回らず），内部抵抗は 2.0 mΩ を上回らない耐久性をもった製品であることをメーカは保証していることになる。

3.5.2 劣化の進行

それではEDLCの劣化はどのようにして進むのだろうか。EDLCの寿命加速因子は，充放電の繰返し（充放電サイクル）回数に依存しているように思えるが，それ以上に寿命に大きな影響を与えている要素がある。「温度」と「電圧」である。EDLCの寿命を左右する寿命加速係数は，使用温度と印加電圧の関数とみなすことができる。図3.4は使用温度別に静電容量の減少率を示したグラフである。2.4.2項でも述べたとおり，高温で使用するほど時間の経過に伴って（$\sqrt{t}$），静電容量減少率（ΔCap）が大きくなることがわかる。

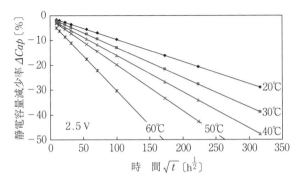

図3.4　使用温度と静電容量減少率の関係

一方，定格電圧2.5VのEDLCを使って，印加電圧と静電容量変化率の関係を表したグラフが図3.5である。印加電圧を低くすると容量減少率が下がっ

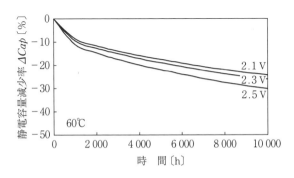

図3.5　印加電圧と静電容量減少率の関係

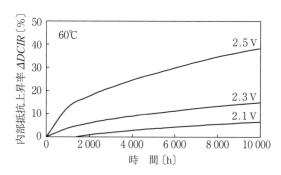

図 3.6 印加電圧と内部抵抗上昇率の関係

ている。同様に，内部抵抗上昇率との関係を表した**図 3.6** を見ると，やはり印加電圧が低くなると内部抵抗の上昇は抑えられている。

これらのことから，EDLC は低温環境かつ低い印加電圧で使用した場合に，その寿命を最大化できることがわかる。実際に，この性質を利用したテクニックとして，機器を使用していないときの待機電圧を下げることで EDLC への負荷を低減あるいは無負荷状態にして，劣化速度を抑える仕組みが一部の機器で実用化されている。ただし，電圧印加時に比べて変化率は小さいものの，無負荷状態（0 V）でも時間の経過に伴い容量減少は発生する（**図 3.7**）。

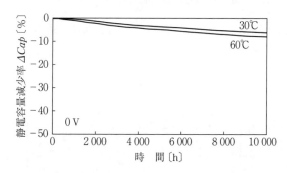

図 3.7 無負荷状態での静電容量の減少率

機器の設計時には，使用温度や印加電圧から EDLC の推定寿命を試算して，必要な寿命期間を満たしているかを確認してから仕様を決めることになる。EDLC の推定寿命が設計する機器の保証寿命を十分に上回っていればメンテナ

ンスは無用になり，機器の保証寿命が上回っていればEDLCの定期的な交換が必要になる。

3.5.3 劣化のメカニズム

EDLCが寿命を迎えるとき，その内部では何が起きているのだろうか。簡単にそのメカニズムに触れておきたい。

EDLCは充放電の過程において化学反応を伴わないことが二次電池と異なる点である。つまり，EDLCの劣化の主要因は充放電に伴う化学反応の進行によるものではない。

2章でも述べたが，EDLCの電極材料には活性炭が使われ，電解液との界面に形成される電気二重層にイオンが物理的に吸脱着することによって充放電を行っている。そのため，静電容量は基本的に活性炭電極の表面積に比例することになる。

活性炭はその細孔構造により非常に大きな表面積をもっているが，EDLCを使い続けると活性炭に微量含まれている不純物の影響で細孔内に堆積物が析出し，表面積が減少する。これが静電容量の低下を招いている。

EDLCの電極材料は前述のとおり活性炭であるが，実際には活性炭のほかに，導電助剤とバインダが少量使われている。導電助剤とは，文字通り電子の伝導性を補助するための物質で，炭素を原材料としている。バインダとは，電極の活性炭や導電助剤を集電体であるアルミ箔に接着するために使われる薬剤である。このバインダが使用時間の経過に伴って徐々に劣化することが，内部抵抗の上昇を引き起こしている。

こうした反応は，通常の使用環境でも徐々に進行するが，製品ごとに決められた温度や電圧を超えた領域で使用した場合，その反応は著しく加速されることになり，EDLCの寿命短縮につながる。

3.6　冷却による効果

　EDLCの長寿命特性を最大限に活かした使い方を考える場合，機器に実装されたEDLCの使用温度を下げる方法が思いつく．例えば，熱がこもらないようにEDLCを可能な限り機器の下のほうに設置するだけでも有効な熱対策になる場合がある．しかし，機器の設計上そうした場所への設置が困難な場合もあり，つねに設置場所に自由が利くとは限らない．また，パワー半導体やトランス，エンジンやモータなどの熱源の近くに実装する場合や，放熱性の悪い密閉された空間に設置する場合においては，使用温度の上昇は避けられないだろう．

　加えて，EDLCは内部抵抗があるため，充放電電流による自己発熱への配慮も必要である．多くの場合，EDLCは複数のセルを直列や並列に接続したモジュールとして機器に実装するが，使用するセルの数が増えてくると充放電時の自己発熱による温度上昇が大きくなり，寿命に与える影響も無視できなくなる．特に大電流による頻繁な充放電を行うような使い方においては自己発熱が顕著になる．できる限り内部抵抗が低いセルを使用することで自己発熱を軽減する方法もあるが，使い方によってはさらなる熱対策が必要になるだろう．

　こうした場合，冷却装置を使って使用温度を強制的に下げる方法が有効な手段となる．冷却方法にはヒートシンク，ファン，水冷式などがあり，状況に合わせてどの方式を選択するかを検討することになる．キャパシタメーカによっては推奨される熱対策の提案や冷却装置の設計に応じるメーカもあるので，相談してみるとよいだろう．

　図3.8は，$\phi63.5\times172L$〔mm〕サイズのセルを直列に24本接続したEDLCモジュールの図である．キャパシタメーカが製作したモジュールであり，バスやトラックへの搭載を視野に入れた設計のため，堅牢な密閉構造になっている．熱対策として空冷用のファンを内蔵して放熱性を高めていることがわかる．それ以外にもこのモジュールは，バランス回路や故障検出回路，温度セン

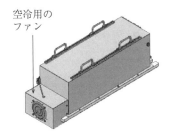

図 3.8 空冷用のファンを内蔵した EDLC モジュール

サを搭載しており，このままの状態で機器に組み込むことができる仕様になっている。

3.7 直列接続と並列接続

EDLC は単セルの耐電圧が 2.5 V 程度のため，1 本で使うには電圧が低く，そのまま使用されることは稀である。機器への搭載にはセルを直列および並列に組み合わせて，電圧や容量を最適化して使う必要がある。あるシステムで V_{module} の電圧が必要な場合，2.5 V の単セルの直列個数は $V_{module}/2.5$ 個となる。端数が出た場合は切り上げて，単セル電圧を低めにするように設計すると寿命が長くなる。このように単セルを複数組み合わせたものを「モジュール」と呼んでいるが，モジュールの容量を C_{module}，単セルの容量を C_{cell} としたときのモジュール容量は次式で求めることができる。

$$C_{module}〔F〕 = C_{cell}〔F〕 \times 〔並列数/直列数〕$$

また，このときのモジュールの内部抵抗 R_{module} は，単セル抵抗が R_{cell} の場合，次式で計算できる。

$$R_{module}〔\Omega〕 = R_{cell}〔\Omega〕 \times 〔直列数/並列数〕$$

3.8 バランス回路

複数のセルを直列に接続した EDLC の寿命を最大限活用するためには，各セルにかかる電圧を可能な限り均等にすることが求められる。各セルの電圧にバラツキが生じると，大きな負荷がかかったセルの劣化が，他のセルに比べて急速に進むことになってしまう。電圧の偏りが大きくなり特定のセルが過電圧状態になった場合には，故障につながることもある。

こうした電圧のバラツキから EDLC を保護するには，セルの接続数を増やすなど電圧に対するマージンを十分にとった設計を行う方法があるが，バランス回路を使って各セルの電圧バランスを制御する方法もある。

3.8.1 回路の設計

EDLC モジュールのように複数のセルを同時に使用する場合，理想的にはどのセルも静電容量，内部抵抗，製造履歴がまったく同じであることが望ましい。それができれば充放電を行っても各セルの電圧にバラツキは発生しない。しかし，実際にはそのように理想的な状況を作ることはできない。極端な例を挙げると，メーカの製品規格によっては，同じロットの製品でも実測すると静電容量が±10％もバラついている場合がある。そうなると0Vから一斉に充電した場合，各セルの電圧が最大で10％もバラつくことを想定しておかなければならなくなる。そこでバランス回路が必要になるのである。

余談になるが，二次電池にはバランス回路が付いていないことが多い。これは二次電池の性質によるもので，二次電池は満充電付近になると化学反応に伴う内部損失が急激に増加し，充電しても電圧が上がらなくなる。その結果，自然に各セルの電圧が整ってくる。一方，EDLC は充放電による化学反応がない分エネルギーの損失は小さいが，二次電池のようにセル自体の働きで電圧バランスを整えるのが苦手である。

回路を設計する際にはバラツキ要因を考え，製品の保証レベルに合わせてバ

ランス回路を設計していかなければならない。ここからは「バラツキの要因」と「解決する手段」について例を挙げていく。

〔1〕 **バラツキの要因**　複数本のセルを組み合わせたキャパシタの電圧がバラつく要因は，セル単体（1本）の特性に違いがあることがおもな原因になっている。一方，使用環境によってもバラツキが発生することがある。例えば大量のセルを使ったモジュールにおいて，場所により±10℃以上の温度差がある場合などである。

a）容量違い（要因1）　電荷 Q〔C〕の出し入れによって充放電を行うキャパシタは，静電容量 C〔F〕に反比例して電圧が変動する。直列に接続されたセルでは各段が同じ電荷を充放電するため，容量違いがセル電圧の差となって現れる（**図3.9～図3.11**）。

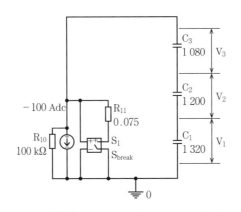

図3.9　容量違いによるセル電圧のバラツキ（1）

b）漏れ電流違い（要因2）　理想のキャパシタであれば，充放電された電荷は放電の動作を行わない限り放出されることはない。しかし，実際にはEDLCの内部で微小電流（数μA～mA）が流れ，電荷が消費されてしまう。これを漏れ電流（leakage current）LCと略して呼んでいる。LCは充電される電圧や，充電されてからの時間，セルの温度によって大きく変化する。定電圧印加（CV充電）の場合，LCは時間とともに減少し，十数日から数十日でほぼ安定した値となる（**図3.12**）。

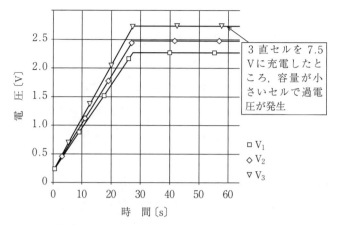

図 3.10 容量違いによるセル電圧のバラツキ（2）

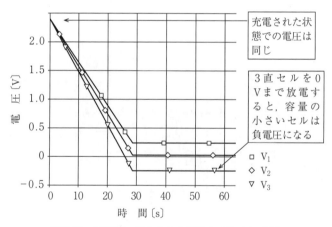

図 3.11 容量違いによるセル電圧のバラツキ（3）

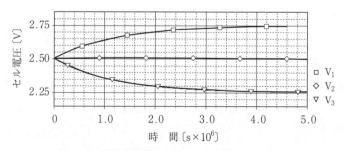

図 3.12 漏れ電流違いによるセル電圧のバラツキ

〔2〕 **解決する手段** 電圧のバラツキが発生した場合は，高い電圧の電荷を消費して，低い電圧のセルに近づけるようにする。せっかくためたエネルギーを，電圧バランスをとるために消費するのは残念であるが，キャパシタの寿命や機器故障のリスクを回避するためには必要な対策である。

3.8.2 バランス抵抗

昔から，キャパシタを直列にした場合のバランス回路として「バランス抵抗」が知られている。これは単純に直列接続された各段に同じ値の抵抗を並列接続しただけのシンプルな回路である（**図3.13**（a））。原理は，並列接続された抵抗がセルの電荷を消費する仕組みで，高い電圧のセルはより多く消費され，低い電圧のセルは消費が抑えられる。最終的には抵抗の分圧比率に収束するので，各段のセル電圧が整うという原理である。メリットはシンプルで安価であること。また，使用部品が少ないため，回路の故障率も低い。デメリットはつねに電荷を消費してしまうことである。一見ローテクに見えるが，最新の自動車などでも使われ続けている安定した回路である。

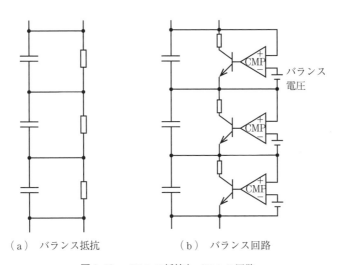

（a）バランス抵抗　　　（b）バランス回路

図3.13 バランス抵抗とバランス回路

3.8.3 バランス回路

バランス回路とは，半導体を使って強制的に電圧を整える機能をもった回路の総称である（図3.13（b））。原理はいくつかあるが，よく見られるものでは，ある設定電圧でスイッチがONになり電荷を消費させる回路である。例えば，定格電圧が2.5Vのセルの場合，少し低い2.3V以上でスイッチをONにさせ，抵抗を接続して強制的に電荷を消費させる。過電圧を防止（抑制）する機能や，設定電圧に達したことを知らせる機能を回路に付加することも可能である。

バランス回路のメリットは，設定電圧以下での電荷の消費を抑えられるため，ためたエネルギーを有効に利用できる点である。キャパシタを組み込む機器に合わせて設定電圧を調整できることも便利な点である。

デメリットは，部品点数が多くなるためコストが高くなってしまうことと，回路部品を実装する基板が必要になるため，基板を設置するためのスペースを確保しなければならない点である。

3.8.4 統合IC

ここで挙げる統合ICとは，先に述べた「バランス抵抗」や「バランス回路」が複数組み込まれた集積回路のことを指す。専用設計されたICは，バランス回路の機能はもちろん，異常を知らせてくれる機能も初めから組み込まれているため，回路スペースの確保や設計時の負荷が軽減される。リチウムイオン電池でバランス回路を使用する際は，ほとんどのケースで統合ICが使用されており，今後はキャパシタの分野でも広まる方式と思われる。特に自動車など安全に対する要求が増す分野において普及が進むと考えられる。

3.9 アプリケーション

パワー密度が大きく，充放電効率が高いキャパシタにはさまざまな用途（アプリケーション）が考えられる。すでに商品化されているものや，検討されているものの一部を紹介する。

3.9.1 単純並列

キャパシタを直流機器に単純並列するアプリケーションである（**図3.14**）。蓄電池や燃料電池，太陽電池などが候補になる。出力が直流の発電機に接続することも場合によっては候補になる。

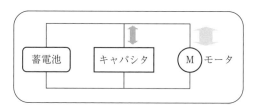

図3.14 単純並列

最大の効果は，組み込んだ機器のシステムインピーダンスを下げる働きにある。必要な電圧分のキャパシタを用意するだけでよく，部品点数が少ないためシステム構築が容易である。既存の機器に追加することも可能である。

蓄電池に接続した場合のメリットは，蓄電池が苦手としている急速な電流変化に追従できるようになることや，放電末期にインピーダンスが上昇しても，エネルギーを有効に利用することができるようになる点である。また，蓄電池の寿命を延ばす効果にも期待できる。ピーク電流をキャパシタが担うことで，蓄電池の負荷を軽減しているためである。

また，単純並列はモータなど負荷が変動する機器で有効な使用法である。モータは電流に比例してトルクが発生するため，電動機器の商品性向上にも期待ができる（**図3.15**）。

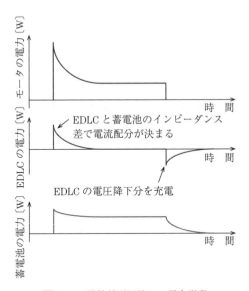

図 3.15　単純並列回路での電力挙動

同様の効果には，燃料電池との組合せも有効である．発電デバイスとして近年注目を集めている燃料電池であるが，インピーダンスが高いことや，モータと組み合わせた場合に充電（回生電力を蓄える）ができないといった課題などを解決する手段として効果的である．

3.9.2　エネルギーバッファ

エネルギーバッファは，キャパシタと DC/DC コンバータを組み合わせたアプリケーションである（**図 3.16**，**図 3.17**）．DC/DC コンバータを使用することで，キャパシタにかかる負荷の変動を小さくしたり（図中 ①，④），キャパシタの電圧降下分を充電して（図中 ③），キャパシタの電圧範囲を無駄なく（エネルギーを有効に）使用できるようになる（図中 ②，④ はキャパシタからモータへの放電，図中 ③，⑤ はモータからキャパシタへの回生電力）．また，発電機と負荷を組み合わせた機器の場合には，発電機を効率の良い条件で運転することができ，ピーク負荷に合わせて設定していた発電機の能力を下げる

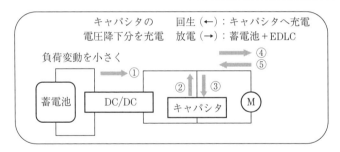

図 3.16 エネルギーバッファ

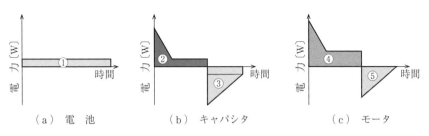

図 3.17 エネルギーバッファでの電力挙動

（小型のものにする）ことができるため，全体でのエネルギー効率改善に有効である。

モータを使った機器において，回生電力の受け皿がなくエネルギーを熱で消費している機器にエネルギーバッファを導入すると，エネルギー効率を大幅に向上させることができる。

3.9.3 上　乗　せ

キャパシタを蓄電池などのエネルギー源に上乗せするアプリケーションである。モータなどの負荷が始動時において瞬間的に大電力を必要とする場合に，蓄電池だけのエネルギーでは賄いきれないことがある。また，電圧が降下して電源電圧が急激に低下することがある。上乗せは，こうした現象を防止する効果がある。

3.10 使用上の注意

キャパシタを使いこなすためには，誤った使い方についても知っておく必要がある。キャパシタは二次電池に比べると取扱いが容易な部品ではあるが，誤った使い方をすると想定よりも劣化が激しくなり，思わぬ事故につながることもある。

ここからはキャパシタを使う上で大切な注意事項の中から，おもな項目について解説する。

3.10.1 過　電　圧

前述したように，キャパシタには定格電圧があり，決められた電圧以下で使用しなければならない。キャパシタは二次電池に比べると瞬間的な過電圧に対する許容度が高い部品だが，性能劣化の進行を考えるとつねに定格電圧以下で使用することが求められる。

過電圧を印加し続けると，電解液の電気分解が起こり，異常な発熱や蒸気の発生によりセルの内圧が上昇することになる。内圧が一定のレベルを超えると，セルに内蔵された「安全弁（圧力弁）」が作動して蒸気を外部に放出するか，最悪の場合はショート（短絡）やオープン（開放），液漏れなどを起こして破壊に至ることもある。破壊には至らなくとも，寿命は著しく短くなってしまう。

機器の設計において留意したいことは，機器に不具合が発生してキャパシタに思いがけない過電圧がかかってしまった場合の想定である。まず，キャパシタ内部に発生した蒸気を正常な状態で放出するために，電解液が安全弁を塞いでしまわない向きにキャパシタを設置する必要がある。多くの場合，安全弁は端子の近傍に取り付けられているため，端子を上向きにした状態で設置することになる（図3.18）。

3.10 使用上の注意　　73

図3.18　安全弁

　安全弁は蒸気を外部に放出することでキャパシタの内圧を安全なレベルに下げる働きをする装置である。キャパシタの設置場所は，弁が作動したときのことを考えて，蒸気の噴出を妨げることのない場所で，人的被害はもちろん，噴出した蒸気によって機器の損壊が発生しない場所を選ぶようにしたい。もし圧力弁が作動して蒸気が噴出した場合には，蒸気に触れないように気をつけて換気を行うようにする。
　なお，一部の海外メーカが提供するキャパシタには，アセトニトリルなどの引火点が非常に低く，かつ燃焼時に毒性のあるガスを発生する電解液が使われていることがあり，使用時にはメーカに確認することが望まれる。

3.10.2　過　放　電
　キャパシタのうち EDLC は放電深度に制限がなく，０Ｖまで完全放電しても性能の劣化や故障の原因になることはない。
　一方，リチウムイオンキャパシタ（LiC）には下限電圧（放電終止電圧）があり，これを下回る電圧で過放電を続けると性能を著しく劣化させてしまい，状況によってはセルの損傷につながるおそれもあるので注意したい。対策として，電圧監視用の制御回路を使うことで過放電を防止し，安全に使用することができる。

3.10.3 逆　電　圧

　キャパシタは極性をもった電子部品である。必ず極性を確認して使用しなければならない。万一逆電圧を印加すると，過電圧を印加した場合と同様の現象が起き，寿命の著しい短縮につながる。さらに，逆電圧のレベルが大きくなると，安全弁の作動や破壊に至ることもある。

3.10.4 過　温　度

　キャパシタにはカテゴリー温度範囲が設定されている。カテゴリー上限温度（最高使用温度）を超えて使用した場合，急激な特性劣化が起こるだけでなく，安全弁の作動や破壊につながることもある。また，周囲から受ける熱だけでなく，充放電時に発生する自己発熱も考慮に入れる必要がある。特に大電流による頻繁な充放電や，リプル電流が流れる回路での使用においては発熱が生じやすい。過温度になるようであれば，耐熱性に優れたタイプのキャパシタに置き換えるか，冷却装置を使用するなどの熱対策を検討すべきである。

　一方，低温側についても述べておくと，キャパシタはカテゴリー温度範囲を下回る温度環境で使用すると内部抵抗の上昇が激しくなり，本来の性能を発揮できなくなってしまう。寒冷地で使用する可能性のある機器であれば，カテゴリー温度範囲の下限値にも注意を払う必要がある。

　仮にカテゴリー温度範囲内での使用であっても，キャパシタは温度によって電気的特性が変化するため，これを念頭において機器設計を行う必要がある。例えば，夏季と冬季，日中と夜間など，機器が使われる場所によっては季節や時間帯に起因する著しい温度変化が発生する。定格値で設計するのではなく，想定される範囲においてキャパシタにとって最も厳しい環境を設定した上で，必要としている性能を十分に満たすことができる仕様になっているかを検討する必要がある。

　また，複数のセルを接続して使用する場合には，セル間に温度差が生じないように注意したい。セル間での特性のバラツキと，劣化速度のバラツキを防止するためである。

3.10.5 電圧ドロップ

キャパシタには内部抵抗が存在する。そのため，急速に充放電を行う場合，充電の開始時と放電の開始時に電圧ドロップ（電圧降下・IR ドロップ）が発生する。機器を設計する際には，この電圧変化分を考慮した仕様を検討する必要がある（図 3.19）。

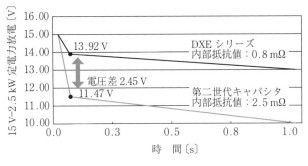

図 3.19　電圧ドロップ

電圧ドロップを抑制するには内部抵抗が低いキャパシタを使うことが有効であるが，低温度環境での使用や劣化が進んだ状態での使用など，内部抵抗値が上昇した状態でも問題が起きないかを想定しておきたい。

3.10.6　二次電池との並列接続

キャパシタと二次電池を並列接続する際の注意点について触れておこう。電圧差があるキャパシタと二次電池を直接接続すると，電圧の低いほうへ過電流が流れてしまう。そのため，電圧をそろえてから接続しなければならない。例えば，14 V の二次電池と，定格電圧 2.5 V の EDLC を接続する場合，EDLC を 6 セル直列接続した後，14 V まで充電を行ってから接続する必要がある。

3.10.7　保　　　管

キャパシタの性能を劣化させないためには，保管状態にも注意を払いたい。特に温度と湿度の管理は重要になる。一般に保管に関しては，メーカから温度

や湿度などの環境が指定されることが多い。また，急激な温度変化は結露の発生による性能劣化を招く可能性があるので避けたい。

多くの電子部品に共通している事項でもあるが，特に以下のような場所での保管は避けなければならない。

① 水や塩水，油が直接かかるような環境や，結露状態，ガス状の油成分や塩分が充満している環境
② 有害ガス（硫化水素，亜硫酸，塩素，アンモニア，臭素，臭化メチルなど）が充満している環境
③ 酸性およびアルカリ性溶剤がかかる環境
④ 直射日光，オゾン，紫外線および放射線が照射される環境
⑤ 振動および衝撃が，その製品の仕様書などで定められた範囲を超える環境

また，EDLCにおいては，危険防止と性能劣化の抑制のため，放電した状態での保管が推奨される。ただし，EDLCは0Vまで放電しても時間の経過とともに端子間に電圧が発生する。これを再起電圧と呼ぶ。特に，多数のセルを直列接続した状態で保管する場合には，再起電圧により予期せぬ高電圧になる場合があるので十分な注意が必要である。対策として，端子間を短絡した状態で保管するとよい。

さらに，EDLCを長期間放置すると，漏れ電流（LC）が見かけ上増加する傾向が見られる。そのため，長期間保管したキャパシタを使用する際には，電圧処理が必要になる。

3.11 使うほどわかるキャパシタの魅力

長寿命であること，大電流による急速充放電ができること，充放電時の損失が少ないことなど，キャパシタには他の蓄電デバイスにはない魅力がある。そして，キャパシタを用いて設計された機器にも，他にはない魅力があるように思う。

3.11 使うほどわかるキャパシタの魅力

しかし，キャパシタといえども万能ではない．他の蓄電デバイスと同様に，長所と短所がある．その特徴や特性をよく理解して「キャパシタらしい使い方」を考案することが，キャパシタの最も上手な使い方ではないかと考える．

キャパシタ開発においては，材料レベルから産学官が一体となり，世界中で活発に研究開発が行われており，革新的な技術や新素材が次々と生み出されている．これに伴い，キャパシタの短所の克服が図られると同時に，長所をより強化する方向でも目覚ましい成果が得られている．キャパシタの進化は続いており，手元の情報をつねに新しい情報に更新することが大切である．

◆ティータイム◆

100 馬力の車にキャパシタを積んだ場合

自動車の性能表示の中に，100 馬力や 280 馬力など「馬力」が表示されているのをご存知だと思う．近年ではパワー〔W〕で表記されるようになったためピンとこない方が増えているかもしれないが，1 馬力＝735 W であり，100 馬力だと 73.5 kW になる．例えば電気駆動の自動車だとして，200 V の電源電圧だと仮定すると，73.5 kW/200 V＝367 A となり，大変な電流が流れることがわかる．ただし，普段の走行で自動車がここまでのパワーを使うことは滅多になく，高速道路でアクセルを全開に踏み込んだときぐらいである．最近の自動車は性能が良いため，アクセルを 100％全開にする必要がないまま寿命を迎える自動車がほとんどであろう．普段の走行では，数十馬力程度のパワーで自動車は巡航や加速を行っている．

さてここで，時速 60 km で走行している自動車が信号待ちで停止するまでに発生する減速エネルギーをキャパシタにためてみたいと思う．皆さんも個々には知っているであろう運動エネルギーの計算式から，電気エネルギーに変換されるまでを順を追ってみていこう．

① 自動車がもっているエネルギー量の計算

街で見かける 5 人乗りの乗用車に人と荷物を乗せた状態で，重量が 1 500 kg であったとする．

その自動車が時速 60 km で走行しているときのエネルギーは $E=1/2 \times M \times V^2$ の公式から

$$E_1 〔J〕 = \frac{1}{2} \times 1\,500 \text{ kg} \times (16.66 \text{ m/s})^2 = 208 \text{ kJ}$$

となる。

② 回収できる運動エネルギー量

自動車が空気の壁を押している力，タイヤが路面を走行するときに発生する損失，車軸やトランスミッションでの機械損失，発電機での損失，キャパシタへの充電損失を考慮すると，上記のエネルギー量のうち回収できるのは40％程度になる。

$$E_2 [J] = 208\,kJ \times 40\% = 83\,kJ$$

③ キャパシタに電気をためる

1セル2.5V，1000Fのキャパシタが何セルあれば上記のエネルギーを蓄えられるかを計算してみよう。

キャパシタ1セルのエネルギー量は$E = 1/2 \times C \times V^2$であることから

$$E_3 [J] = \frac{1}{2} \times 1\,000\,F \times (2.5\,V)^2 = 3\,125\,J$$

であり，必要なセルの数は$E_2/E_3 = 27$セルとなる。

すべての自動車にキャパシタが積まれ，減速時のエネルギーを電気エネルギーとして蓄え，無駄なくエネルギーを使用していきたいと考える今日この頃である。

4 自動車を走らせるキャパシタ

　自動車，あるいは自動車を用いた交通システムが今後どのように進化するであろうかという議論の中で，進化を牽引する中核技術の一つが蓄電池などの蓄電技術ではないだろうかとの見方が大勢であろう。近年，数度にわたる燃費規制の強化や省エネ指向の強まりにより，CO_2排出削減が進んでいる。この省エネとCO_2排出削減において大きな役割を担っているのが普及拡大目覚ましいハイブリッド自動車であり，普及が始まりつつある電気自動車（EV）などである。

　それらの普及を牽引しているのは，蓄電技術の進化によるといっても過言ではないであろう。使用される地域や用途が広範で，かつ，種類も多様な自動車をハイブリッド化する，あるいはEV化するとなると電動化方式も多様とならざるを得ず，その多様な電動化を支える蓄電技術も性能や寿命などにおいて多様な特性を求められることから，車の種類や用途に応じて特性の異なる蓄電デバイス（蓄電池やキャパシタなどで構成する蓄電機器）の応用が展開され始めている。その一つがキャパシタである。近年のクルマの電動化を牽引しているのは，ニッケル水素電池（Ni-MH），リチウムイオン電池，そしてキャパシタであるが，それらの性能や寿命の特徴には大きな違いがある。

　そこで本章では，クルマの電動化の流れの中で，ニッケル水素電池やリチウムイオン電池の応用例と比較しながら，キャパシタ応用によるクルマの電動化の状況および可能性について説明を進めたい。

4.1 これからの自動車はエンジン駆動から電気駆動に変わる

4.1.1 自動車の電動化

　ガソリンなどの化石燃料をエンジンで燃焼させて動力を取り出すというのがこれまでの自動車の駆動方式であり，すでに大幅な排ガス低減が可能となって，さらなる効率向上や軽量化などによる省エネ化が進んでいる．とはいえ，CO_2 排出量の長期的削減目標や化石燃料の枯渇化への対応として持続可能なエネルギー利用への転換を考えた場合，エンジンによる駆動の延長では早晩限界に達するであろう．しかし，いきなりエンジン利用をすべて廃止し，新たなエネルギー，例えば水素燃料を利用した燃料電池車や太陽光発電などを利用した電気自動車に全面移行することは非現実的であり，不可能である．ところが，電気駆動方式を利用することにより，エンジン駆動から時間をかけて滑らかに CO_2 を削減しながら新エネルギー利用へと現実的に移行することが可能なのである．その流れはすでに始まっており，世界的に拡大しつつある．

　さらに，自動車の安全のための運転支援強化や自動運転化への流れの中で，電動補機系の強化・拡大が進んでいる．この自動ブレーキや自動操舵などのための電動化は，従来の鉛蓄電池（乗用車など小型車は 12 V，中型以上のトラック・バスは 24 V）の能力を超え，高電圧化や瞬時大電流供給が可能な新たな蓄電デバイスが必要となり，鉛蓄電池に増設して対応する流れがある．将来的には，12/24 V 鉛蓄電池から新たな高電圧タイプ（48 V 化など）の蓄電デバイスへの代替が進むことも考えられる．

　それら電動化へのステップのイメージは，現状の技術動向からすると**表 4.1**に示される．**図 4.1** は，電動化の流れの各ステップについて，電動化の度合い，省エネ効果の程度および CO_2 排出削減とエネルギー転換の可能性をイメージ的に比較したものである．いずれのステップにおいても，省エネ性や CO_2 削減およびエネルギー転換への可能性において大きな変動幅が考えられる．それにはエネルギー問題も大きく関わるが，省エネ性や CO_2 削減についてはキャ

4.1 これからの自動車はエンジン駆動から電気駆動に変わる

表4.1 自動車の電動化ステップのイメージ

		電動補機・電装機器の機能強化	エンジンによる走行駆動	モータによる走行駆動
省エネ・CO_2削減・エネルギー転換	エネルギー回生型補機システム	エネルギー回生機能をもつ補機システム・アイドルストップ・駆動アシストシステム・電動ターボなど	◎	
	ハイブリッド車 マイクロ／マイルドハイブリッドシステム車		◎	△（小出力でエンジンをアシスト）
	ハイブリッド車（HV）（ストロングハイブリッド車）		◎〜○（モータと併用）	○〜◎（エンジンと併用）
	プラグインハイブリッド車（PHV）（HVのように大きなエンジン利用、または、EV方式に近い小さなエンジン利用方式がある）		○〜△	◎
	EV1（定置充電方式）			◎
	燃料電池車（FCV）		燃料電池で発電	◎
	EV2（走行中ワイヤレス充電方式）			◎
運転支援強化・自動運転化		電動補機／電子・電装機能の強化・拡大，補助電源の増設，電源の高電圧化・大電流化など		

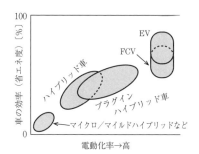

（a）電動化率と車の効率との関係
（電動化率を高くする⇒顕著に高効率化）

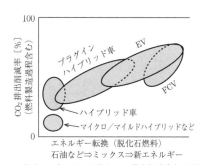

（b）エネルギー転換とCO_2排出削減率との関係
（CO_2削減には，電動化率＋エネルギー転換の併進が必要）

注1）車の効率は，給油または充電したエネルギー量のうち，走行駆動のために消費したエネルギーの割合である。他は発熱や電装機器などで消費される損失エネルギーである。
注2）電動化率は，エンジン and/or モータで駆動される走行駆動エネルギーに対するモータ駆動分の割合。

注3）CO_2削減率は，ディーゼルバスのCO_2排出量に対する削減割合を示す。
注4）EVとプラグインHVのCO_2は，充電電力の発電用エネルギーの種類によって変わる。燃料電池車（FCV）のエネルギー転換率とCO_2削減率は，水素の製造方法によって変わる。

図4.1 自動車の電動化ステップのポテンシャルイメージ

パシタや蓄電池などの蓄電源の性能や耐久性が大きく関わっているように思われる。本章ではここに焦点を当てて掘り下げてみたいと思う。

　表4.1から，電動化は技術的な規模順（電動化率順）に進むように見えるが，市場に登場し普及した順序はそれとは少し異なっている。蓄電デバイスとの関係が強いように思われるので，以下に詳しく触れておきたい。

4.1.2　近年における自動車の電動化の経緯

　1990年代後半，日本においてエンジンとモータを組み合わせたハイブリッド車（HV）にニッケル水素電池を応用したプリウス（トヨタ）が発売され，それまでの鉛蓄電池応用HVやEVでは見られなかった急速な普及拡大が世界的に進んだ。鉛蓄電池に比べて小型軽量で寿命も長く，エネルギー回生（後に詳しく説明）の性能も良いという特徴が普及拡大の鍵であったと思われるが，ニッケル水素電池応用は乗用車以外のバス・トラックを含めた世界的な規模でのHV普及にはつながらず，EVへの応用もほとんど見られなかった。ニッケル水素電池出現からしばらく後，2000年代後半からリチウムイオン電池を応用したHV/EVが世界各地で相次いで出現し普及が始まり，やや遅れて，外部電源から充電可能なプラグインハイブリッド車（PHV）の普及が活発化した。

　また，それらニッケル水素電池応用HVの出現からリチウムイオン電池応用HV/EVが出現するまでの間の2000年代初頭に，キャパシタを応用したFCV（燃料電池にキャパシタを補助電源としてつなぎハイブリッド車的な仕組みを構成），およびディーゼルハイブリッドトラックが国内において発売された。

　そして，表4.1の最初のステップである電動補機系の高機能化については，

ティータイム

クルマの電動化方式の種類について
① ハイブリッド自動車（HV）
　明確な定義はないようだが，以下に大別される。
　・マイクロ/マイルドハイブリッドシステム搭載車

4.1 これからの自動車はエンジン駆動から電気駆動に変わる

ブレーキエネルギー（のごく一部）を回生する機能をもつ回生型オルタネータ（別途詳述）を備え，回生電力を補機駆動電源として活用する方式をマイクロハイブリッドと呼ぶ海外例や，回生型オルタネータの出力を高め蓄電池容量を増やして，発進時にオルタネータがエンジンを起動したり発進駆動力をアシストする機能を備えたものをマイルドハイブリッドと呼ぶ国内例がある。なお，エネルギー回生機能を備えているがハイブリッドと呼称せず，エネルギー回生システムあるいはエネルギー回生型アイドルストップシステムなどと呼ぶ例もある。

- ストロングハイブリッドシステム搭載車

単独でも走行可能な駆動能力をもつ二つの動力源（一般にはエンジンとモータ）を備え，かなりの割合のブレーキエネルギーを回生する能力も併せ持つシステムはストロングハイブリッドシステムと呼ばれ，その搭載車は，ストロングハイブリッド車，または単にハイブリッド車（HV）と呼称される。

② プラグインハイブリッド自動車（PHV）

ハイブリッド車であるが多めの蓄電池を搭載し，EVのように外部電源から充電する機能も備えて，ある程度の区間をエンジンに頼らず電気だけでの走行が可能な車である。充電方法として，充電器からコードをはわせてプラグを車に差し込むタイプ，およびバス停などの路側に充電設備を備え，停車するとバスの屋根からパンタグラフ状のものを充電設備側に突き出したり，または，充電設備側からパンタグラフのようなものがバスの屋根に下りてきて充電が行われるタイプが実用化されている。

③ 電気自動車（EV）

蓄電池と電気モータを搭載し，電気エネルギーだけで走行する自動車であり，EVまたはBEV（battery EV）と略表記される。蓄電池への充電は，PHVのような充電方法のほかに，充電場所の路面側とEVの下部/側部に非接触で給電/受電する装置を備えてワイヤレスで充電するタイプも実用化されている。走行中にワイヤレスで給電し充電する方式についても研究や試験が始まっている。

④ 燃料電池自動車（FCV）

ハイブリッド車のエンジンを燃料電池（FC, 4.3節にて詳述）に置き換えたような電動自動車であり，水素タンクを備えている。FCは水素燃料から電気を発電し，モータを駆動したり蓄電池を充電する。FCからは水（水蒸気）以外は排出されずクリーンである。

ニッケル水素電池搭載HVが出現し普及が始まってから4年ほど後の2000年代初頭，従来からの鉛蓄電池を応用しつつ，エネルギー回生およびエンジン起動を含む発進駆動（発進駆動は瞬時間）が可能なモータ/発電機で構成するシステムを搭載したマイルドハイブリッド車（乗用車）が国内において発売されたのが最初であった。このような，エネルギー回生機能とアイドリングストップ機能を併せ持つ電動補機・電装系システムは，マイクロあるいはマイルドハイブリッドシステムと呼ばれる場合がある。この鉛蓄電池応用マイルドハイブリッド車はそれほど普及しなかった。それからおよそ10年後の2010年代初頭，マイルドハイブリッドのようなエネルギー回生型オルタネータ[†]に，鉛蓄電池を増設したタイプ，そしてキャパシタまたは高出力型リチウムイオン電池を組み合わせた高機能型電動補機システムを搭載したエンジン車が国内メーカ数社から相次いで発売され，普及拡大が進んでいる。燃費基準強化に対応するためのエンジン車の主要な燃費向上技術の一つとなっている。燃費改善効果を上げるためには，回生型オルタネータの入/出力性能を高めることが必要となるが，蓄電源に対しては高出力性や耐久性に優れた特性が求められることから，キャパシタ応用例が多い状況にある。

　以上の電動化の流れは，まず始めに鉛蓄電池に代わる新たな蓄電デバイス（ニッケル水素電池）を応用したHVが出現し普及したことで切り拓かれた感がある。新たな各種蓄電デバイスを応用した電動化の流れの背景を解きほぐすことで，自動車の電動化が求める蓄電源への要求やキャパシタがもつ特性の可能性についてヒントが得られそうである。

[†] 通常のエンジン車には整流器を備えた交流発電機（オルタネータと呼ばれる）がベルトを介してエンジンによって駆動され発電している。電装機器の負荷の平均レベルでもあり，鉛蓄電池の充電に必要なだけの数百W程度の発電能力をもつ。減速時，エンジンブレーキがかかっているとき発電中であればエネルギー回生になるが，数百W程度の出力では回生効果は微小である。回生型オルタネータは，通常のオルタネータ同様の発電機であるが，発電能力が高く（およそ2〜5kW，または以上），エネルギー回生効果が大きいオルタネータである。回生能力を上げるため，鉛蓄電池電圧よりも高い電圧で発電し，キャパシタに充電することにより回生効果を高めているものもある。

4.2 マイクロ/マイルドハイブリッドなど電動補機・電装システムの電源として

　この電動化方式を搭載し最初に出現したのは，鉛蓄電池を応用するマイルドハイブリッド車であった。ニッケル水素電池搭載の本格的 HV が出現してから 4 年後の 2001 年，国内において世界初の発売であった。従来の 12 V 鉛蓄電池の 3 直列構成に相当する高能力な 36 V 鉛蓄電池と，エネルギー回生およびエンジン起動含む発進駆動（発進駆動は瞬時間）が可能なモータ/発電機（オルタネータ同様エンジンにベルトを介して取付け）で構成するマイルドハイブリッドシステムを搭載した乗用車である。ニッケル水素電池応用の本格的 HV が普及拡大する中，この鉛蓄電池応用マイルドハイブリッド車の普及はそれほど続かなかった。電動化の規模が小さく難易度が低そうな電動システムと思われたが，電動化率が低いことや蓄電池の性能/耐久性の制約から省エネ効果においてコストパフォーマンスを高めることが難しい電動化ステップであったということも考えられる。

　それからおよそ 10 年後の 2010 年代初頭，エネルギー回生型オルタネータおよび新たな各種蓄電源方式（25 V キャパシタ + 12 V 鉛蓄電池，12 V 鉛蓄電池 × 2 並列，12 V 高出力型リチウムイオン電池 + 12 V 鉛蓄電池）を備えた補機・電装システム搭載車が相次いで国内で発売され，急速に普及拡大が進んでいる。なかでも，回生能力に比例するオルタネータの入/出力では，キャパシタ応用方式が抜きん出て高く（3〜5 kW），キャパシタが回生効果に優れていることを表しており，キャパシタ応用方式を採用するメーカ数，車種数が多い状況にある。

　その一つは，電装機器の駆動用電源として，キャパシタを採用しエネルギー回生型オルタネータを備えた電源システムを搭載した乗用車である。2012 年国内において発売され，採用車種数の拡大含めて急速に普及が進展している。図 4.2 にキャパシタ搭載乗用車とキャパシタモジュールの外観およびシステム構成図を示す。

4. 自動車を走らせるキャパシタ

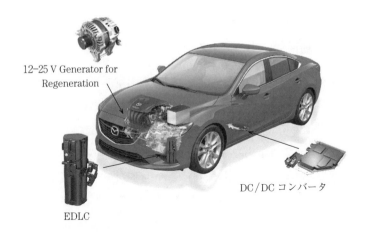

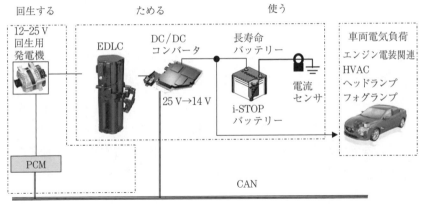

図4.2 キャパシタ搭載乗用車「アテンザ」と搭載されているキャパシタ外観およびエネルギー回生型電源システムの構成図〔提供：マツダ株式会社〕

このシステムは，減速時に高性能オルタネータ（25 V まで高電圧化してエネルギー回生量を高めることができる発電機）を用いてエネルギー回生を行いキャパシタに蓄電し，そのエネルギーをヘッドライト，オーディオ，カーナビシステムなどの電装機器の駆動力として利用し，エンジンによる発電損失を減らすことで燃費向上につなげている．キャパシタを応用したことによって，頻繁に加減速がある場合，燃費を約 10% 改善できるとしている．このシステムは，エンジン車の燃費向上手段の一つであるが，エンジンの効率を 10% 改善

4.2 マイクロ／マイルドハイブリッドなど電動補機・電装システムの電源として　　87

することは至難なことであり，HVではない自動車でもエネルギー回生が燃費改善に効果的であることを示している。

　続いて2013年，アイドルストップシステムの電源としてキャパシタを採用し，エネルギー回生とエンジン再始動機能をもつ電動補機システムを搭載した乗用車がやはり国内で発売された。**図4.3**にキャパシタ搭載乗用車とキャパシタモジュールの外観およびアイドルストップシステムの構成図を示す。キャパシタを用いて減速エネルギー回生とアイドルストップからのエンジン再始動を行うことで，燃費向上とともに安価な鉛蓄電池の適用を実現している。このシステムは，従来同様の鉛蓄電池およびオルタネータ（発電出力はアップされている）を用いたままシンプルな回路機器でキャパシタを組み込み，エネルギー回生が可能なアイドルストップ・スタート機能を実現している。エネル

FIT3（2013年9月〜）

キャパシタモジュール外観

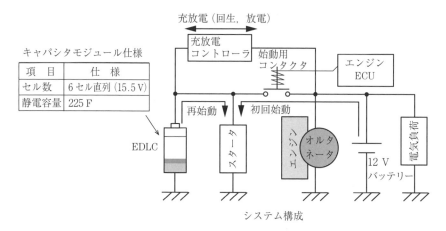

システム構成

図4.3　キャパシタ搭載乗用車「FIT3」と搭載されているキャパシタの外観およびエネルギー回生型キャパシタ電源アイドルストップシステム図〔提供：株式会社本田技術研究所〕

ギー回生によりエンジンによる発電量が低減され，アイドルストップシステムの燃費改善効果を高めている。

　上記二つの電動補機系へのキャパシタ応用事例において共通していることは，搭載スペースが限られる中で，頻繁な発進・停止において高効率エネルギー回生，そして高出力でのスタータ駆動という機能への適応性に優れているということである。高い出力密度をもち，サイクル寿命に強い上に，コスト的にも優位という蓄電デバイスでなければ適応が難しい用途である。電動化率が低く一見難易度が低そうな電動補機系であるが，2000年初頭に出現した鉛蓄電池搭載マイルドハイブリッドの普及がそれほど進展しなかった背景として，このような充放電負荷が厳しい用途に対し，コストパフォーマンスに優れた蓄電デバイスがまだ出現していなかったということが考えられる。2010年代に入り，このステップの電動化に対しコストパフォーマンスに優れたキャパシタが登場したということであろう。キャパシタにおいては引き続き，高温耐久性の向上などの長寿命化やさらなる高出力化などの技術開発が進められており，このような回生型補機システムの普及拡大やそれによる燃費性能の向上がキャパシタの進化によって一層促進されるであろうと考える。

4.3　ハイブリッド自動車の蓄電源として

　ここでは蓄電池やキャパシタなどの蓄電デバイスを総称して蓄電源，または単に電源と呼ぶが，蓄電源とモータで構成する電気駆動システムとガソリンエンジンなど内燃機関[†]を組み合わせた自動車が，ハイブリッド型自動車（またはハイブリッド車，HV）と呼ばれる。ハイブリッド車は，2015年には国内の保有台数が500万台を超え，国内年間販売台数に占めるHV比率は10%を超えた。自動車メーカによっては，HV販売台数比率が30%を超えたところが出

[†] ガソリン，軽油，天然ガスなどを燃料とし，シリンダ内で燃焼させてピストンを介して動力を取り出す方式のエンジン。蒸気タービンやガスタービンは外燃機関と呼ばれる。

てくるほど普及拡大が進んでいる。

また，内燃機関を使わず，燃料電池（fuel cell：FC）[†]を搭載し，FC で発電した電気を使ってモータで走る車は燃料電池自動車（FCV）と呼ばれるが，FCV に蓄電源を組み合わせた場合，燃料電池ハイブリッド車と呼ばれることもある。

4.3.1 ハイブリッド自動車の仕組み

ハイブリッド車（HV）のおもな仕組みとしては，図 4.4 に示すように，パラレル型，シリーズ型，およびそれらを混合したシリーズ/パラレル型の3方式がある。乗用車系ではシリーズ/パラレル型が多いが，パラレル型もある。バス・トラックの HV はパラレル型がほとんどであるが，バスの一部がシリーズ型を採用している。HV の仕組みを簡単に説明するために，ここでは発電機とモータが同一であるパラレル型と呼ばれるハイブリッド車を例とする。従来の自動車であればエンジンの駆動力を使って車輪を動かすが，HV の場合には状況に応じて動力源をエンジンとモータで切り替えて走行することを基本とする。そして，走行状況や蓄電状態に応じて，エンジンとモータを併用して駆動したり，エンジンで駆動しながら発電/充電も行うことがある。

例えば，図 4.5 に示すように，発進時や車速が低い間の加速時など，エンジン駆動ではエンジンの熱効率やパワーの応答性が悪い走行状況では，蓄電源からの放電でモータを動かして発進・加速する。車速が高くなるにつれ加速抵抗が大きくなるのでエンジンで駆動するほうが効率が良くなることや，モータ加速で蓄電源の蓄電レベルが低下してきている状況を判断し，エンジンによる加速に切り替わる。車速がある程度高い状況でさらに加速を増す場合は大きな駆動力を必要とするので，エンジンとモータを併用して駆動する場合がある。

通常走行に達したら，このときには蓄電源の蓄電レベルが低下してきている

[†] 水素と空気を供給すると，水素と酸素が電気化学反応を起こして水に変化する過程で電気を発生させる装置であり，水の電気分解の逆の原理を利用している。電池と呼ばれるが発電装置である。

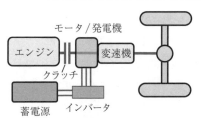
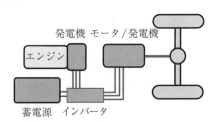

(a) パラレル型

エンジンが直接変速機につながって走行するか，蓄電源からの放電でモータによって走行する。発電しながらの走行もある。エンジンだけで走行する場合もあるため，従来エンジン車と同等出力が必要。

(b) シリーズ型

エンジンは発電機を駆動するだけ。モータは蓄電源から，または発電機から，または両方からの給電で走行する。エンジンは，走行中の平均所要出力があれば十分で，小型化できる。

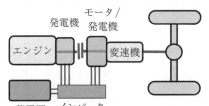
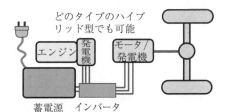

(c) シリーズ/パラレル型

発電機とモータ兼発電機の両方と，エンジンにより直接駆動走行する機構をもっている。パラレル型とシリーズ型双方の機能をもつ。

(d) プラグインハイブリッド

EVと同じように外部電源からも充電が可能。ハイブリッド車よりも少し容量の大きな蓄電池を搭載し，電気だけでかなりの距離を走行できる。

図 4.4 ハイブリッド車のハイブリッド方式の種類

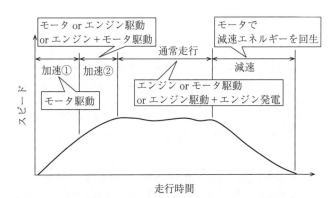

図 4.5 ハイブリッド車の走行状況とシステム作動との関係図

ので，エンジンによる走行に切り替わるか，エンジンで走行しながら発電を行う。蓄電レベルが上がると，エンジン走行ではエンジンの熱効率が悪い走行状況の場合には再度モータ走行に切り替わる。

減速するときにはモータを発電機として用いることで，車の運動エネルギーを電気エネルギーに変え，蓄電源を充電する。このことをブレーキエネルギー回生[†]，またはエネルギー回生という。回生することで制動力が発生するが，これを回生ブレーキという。ブレーキエネルギーは大量であり，回生により大きな燃費改善が期待できるが，蓄電源は大量のエネルギーを短時間に充電しなければならないため，充放電が電気化学反応にて行われる蓄電池にとっては，性能的にも，劣化／寿命の点でも，厳しい作動条件となる。

4.3.2　ハイブリッド車の省エネ効果要因

ここで，蓄電源への要求特性と関わりが深いハイブリッド車の省エネ効果について詳しく掘り下げてみる。HV の燃費を高める要因はおもに二つあるといわれている。一つは，エンジンで走行するとエンジンの熱効率が低く燃費が悪化する状態，例えば発進時および速度の低い加速時や一定速走行状態ではモータで走行し，エンジンで走行するほうが効率が高くなるような速度の高い加速時や通常走行状態ではエンジンで走行することで，車全体としての効率を高めて燃費を向上することである。モータ走行はおもに蓄電源からの放電で行われるが，そのエネルギーはエンジンの熱効率の高い運転域で発電されるか，または，エネルギー回生で得たものである。したがって，エンジン発電時の［発電機効率①］とそのときの蓄電源への［充電効率②］およびモータ走行時の

[†] ある速度（V）から車を減速し停止させるとき，車の運動エネルギー（$=1/2\,m\cdot V^2$，m は車の質量）からわずかな走行抵抗分を引いた残りのエネルギーを，従来の車ではブレーキで吸収し熱として放散している。HV/EV は，減速時にモータを発電機として作動させ，ブレーキ力を発生させて運動エネルギーを回収し，蓄電源に充電できる。このエネルギーをモータ走行時に放電することでエネルギー再生となる。これをブレーキエネルギー回生という。他に，エンジンの排気熱を熱発電素子などで回生する方法や，電動ターボ（排気ターボ＋モータ／発電機）で排気流の運動エネルギーを回生する方法などを含めてエネルギー回生という。

［モータ効率③］とそのときの蓄電源からの［放電効率④］とを乗じた電動系の総合効率（①から④の各効率が95%だとしても総合効率は81%に低下してしまう）による電動系エネルギー損失が，エンジンの熱効率の低い運転域と高い運転域との差によるエネルギー損失よりも少ないことが一つ目の効果を得る条件となる。そのため電動系機器，特に蓄電源にはより高い充放電効率が求められる。そして，モータ走行のほうが効率が良いという走行条件が続く場合，例えば，市街地走行ではつぎに減速するまでの少しの間であるが，モータ走行を持続させるため，ある程度のエネルギー容量（kW·h 容量）を蓄電源がもつ必要がある。

　ハイブリッド車の二つ目の狙いは，ブレーキエネルギー回生である。都市内走行では平均 10 〜 20 km/h 程度，郊外一般道走行では平均 30 km/h 前後の走行が一般的であろう。平均 10 〜 20 km/h の走行では加減速の繰り返し頻度が多く，走行駆動に必要なエネルギーに対しブレーキエネルギーの割合は 60 〜 70% と大量であり，平均 30 km/h の走行でもおよそ 50% もあるので，回生をすることできわめて高い省エネ効果が期待できる。ところが，大量のブレーキエネルギーを効果的に回生するには，エネルギーの大半を占める減速の前半（運動エネルギーは速度の 2 乗に比例するので速度の高い前半にエネルギーが集中）の数秒間のうちに高出力，かつ，高効率に回生することが求められる。なお，この回生エネルギーを充電するために必要な蓄電源のエネルギー容量であるが，一般的な都市内走行での 1 回のブレーキエネルギー量は，一つ目の狙いのモータ走行に必要なエネルギー量より若干少な目のようである。したがって，HV 用蓄電源に対しては，数回のブレーキエネルギー回生量を蓄電できるだけの蓄電容量をもつことと，高出力で高効率，かつ，サイクル寿命の長いことが求められる。

　以上の二つの HV 要件から蓄電源に求められる特性をまとめると，モータ駆動による走行において充放電効率が高いこと，大量のブレーキエネルギーを高出力・高効率に充電し，かつ，充放電サイクル頻度の高い条件で車両寿命まで寿命を確保できること，そして，充放電に必要なエネルギー容量としてブレー

キエネルギー回生の数回分のエネルギー容量をもつということになる。この充放電に必要なエネルギー容量は，高性能なニッケル水素電池やリチウムイオン電池にとって決して大きな容量ではないが，寿命を確保するためにこの所要充放電エネルギー容量の数倍あるいは10倍以上の蓄電容量を車載する必要が生じる。そこで，一つ目のHV要件で省エネ効果が大きいガソリン乗用車系HVでは，寿命にとって負担の大きいブレーキエネルギー回生をほどほどに絞り，蓄電池車載容量をあまり大きくしないで寿命を確保している場合も多いようである。

4.3.3 エネルギー回生を重視するHVへのキャパシタ応用

4.1.1項で例に挙げたキャパシタを搭載したFCVとディーゼルHVトラックについて，キャパシタを応用した背景を探ってみると，どちらも上述したHVの省エネ狙いのうち，おもにブレーキエネルギー回生効果だけを狙うハイブリッド車であることがキャパシタを応用した理由のようである。燃料電池にはガソリンエンジンのように出力の大きい運転域か小さい運転域かによって効率に大きな差があるということがそれほどないので，ブレーキエネルギー回生効果を狙うことと発進・加速時に燃料電池の出力をカバーするための高出力な蓄電デバイスが必要とされ，また，ディーゼルエンジンでも出力の大小による効率の差はガソリンエンジンほど大きくないため，おもにブレーキエネルギー回生を効果的に行うための蓄電デバイスが必要であったということである。

キャパシタを使うメリットは，キャパシタの優れたパワーと寿命にある。日本のように交通量が多い環境であると加速・減速が頻繁となるため，瞬時に大量なエネルギーの回生を伴う充放電を繰り返し頻繁に行うことになり，蓄電源の負担は必然的に大きくなる。一般に蓄電池は，頻繁な充放電を繰り返すと劣化が進みやすく，早期に蓄電池の交換が必要となるため，高価な蓄電池を度々交換することになる。このことは，HVの実質的なコストを引き上げることになる。しかし，キャパシタは高出力での充放電でも，その繰り返しに対する耐久性はきわめて高いため，このような問題にはかなり優位である。

94　4. 自動車を走らせるキャパシタ

図 4.6 に，2002 年に実用化されたキャパシタ搭載ディーゼル HV トラックの車両外観ならびにシステム構成を，**図 4.7** に，搭載されているキャパシタユニットとその内部に収納されているキャパシタセルの外観を示す。使われているキャパシタセルは 1 500 F という大容量（定格電圧：2.7 V，重量エネルギー密度：6.3 W·h/kg，重量出力密度：4 750 W/kg）である。このディーゼル HV トラックでは，約 10 cm 四方の大きさのキャパシタが 192 個組み合わされてモジュール化されており，2 個のモジュールで構成されたキャパシタユニットが搭載されている。このディーゼル HV トラックの燃費は，同車型のディーゼルトラックに比べ 1.5 倍改善された。

燃料電池車（FCV）にもキャパシタを搭載したタイプが開発され実用化され

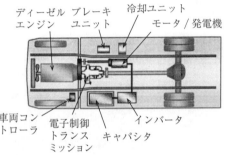

図 4.6　キャパシタ搭載ディーゼル HV トラックの車両外観ならびにハイブリッドシステム構成〔提供：UD トラックス株式会社〕

モジュール 2 段（2 直列）で構成されている車載キャパシタユニット

モジュールに 192 個組み込まれているキャパシタセル

図 4.7　搭載キャパシタユニットの外観および内挿されているキャパシタセルの外観〔提供：UD トラックス株式会社〕

ている。燃料電池とキャパシタの二つの電源をもっており，燃料電池ハイブリッド車という見方ができるので，そのハイブリッド的機能を探りたいと思う。

燃料電池はガソリンエンジンなどの内燃機関に比べて原理的にエネルギー変換効率に優れるが，負荷変動に対する追従性が低い（電気化学反応による発電なので）のが弱点である。例えば，発進時や加速時のように瞬時に大きな出力が必要な場合に，モータに十分な電力を供給できないことが想定される。そこで，FCVにキャパシタを搭載して，発進時や加速時には燃料電池だけでなくキャパシタからモータに電力を供給し，駆動力をアシストするシステムが開発された。このシステムでは，通常走行速度に達したら燃料電池によってモータを回し，減速時には回生エネルギーを効率良く充電し，つぎの加速時に備える。車のエネルギー効率を上げるために，エネルギー回生を効率的に行うこともキャパシタ搭載の大きな理由であったようである。

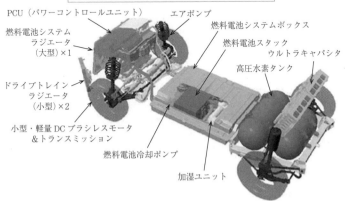

図4.8　キャパシタ搭載FCVの外観と内部構造図
〔提供：本田技研工業株式会社〕

96　　4. 自動車を走らせるキャパシタ

図4.8にFCV車両の外観と内部構造を，図4.9にキャパシタ搭載FCVのシステムの仕組みとシステムの動作状態の一例を示す。HVと同様，キャパシタによるエネルギー回生も効率良く行える。図4.10にFCV搭載キャパシタモジュールの外観と内挿キャパシタセルの内部構造およびその外観を示す。図4.10中のキャパシタセルは直径4 cm・長さ13.45 cmの円筒形状であり，重量エネルギー密度が4.5 W·h/kg，重量出力密度が1 750 W/kgである。堅牢なセル構造をもった高性能なものが採用されている。

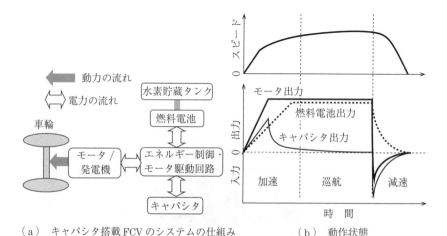

(a) キャパシタ搭載FCVのシステムの仕組み　　(b) 動作状態

図4.9　キャパシタ搭載FCVのシステムの仕組みと動作状態
〔提供：本田技研工業株式会社〕

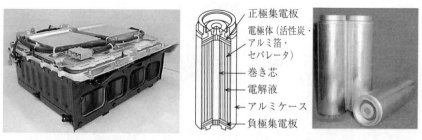

(a) FCV搭載キャパシタモジュールの外観　　(b) 内挿キャパシタセルの内部構造とその外観

図4.10　FCV搭載キャパシタモジュールの外観と内挿キャパシタセルの内部構造およびその外観〔提供：本田技研工業株式会社〕

4.3.4 HV 用各種蓄電デバイスの比較

　HV 用としてのリチウムイオン電池，ニッケル水素電池とキャパシタについて性能の特徴や実用化の経緯，可能性についてレビューを試みたい。図 2.34 に示された各種蓄電デバイスの性能において，これまで実際に HV の普及を支えてきた各種蓄電デバイスの特性について大まかな比較が可能である。図では明確でないが，鉛蓄電池の充電側出力密度は図示されている放電側出力密度よりかなり低いことを念頭に入れておきたい。1990 年代後半，鉛蓄電池に代わってニッケル水素電池を応用する HV が出現し，瞬く間に普及が進み，2000 年代初頭にはキャパシタを応用した FCV やハイブリッドトラックが出現した。ニッケル水素電池応用 HV の普及が世界的に拡大する中，さらに 2010 年前後から，リチウムイオン電池応用 HV が世界の規模で普及拡大し始めた。

　また，HV ではないがキャパシタなどを応用したエネルギー回生型高機能電動補機が普及拡大し始めたのも 2010 年代初頭であった。その流れを図 2.34 に照らし合わせると，まず，鉛蓄電池に代わりニッケル水素電池が応用され普及拡大したのは，エネルギー密度はほどほどであるが，エネルギー回生に対応するための出力密度が大幅に高いことが要因と思われる。高出力であることはサイクル寿命の長さにもつながるので，鉛蓄電池に比べ，上記 HV 要件の二つに対し格段に対応性に優れていたため普及拡大につながったと推定される。

　鉛蓄電池に比べてニッケル水素電池よりさらに優れて見えるリチウムイオン電池が HV 用として広く出現するしばらく前の 2000 年代初頭，キャパシタも応用された。ガソリンエンジンを使わず燃料電池（FC）を用いた HV 乗用車およびディーゼルエンジンを用いた HV トラックへの応用であった。FC は，ガソリンエンジンとは違い低負荷走行域で大幅に効率が低下することがない。またディーゼルエンジンもガソリンエンジンほど低負荷走行域で熱効率が低下することがないので，いずれの車種も上記 HV 要件のうち，省エネに対してはブレーキエネルギーの効果的な回生だけがおもな狙いとなるため，出力密度が格段に高く，サイクル寿命も長いキャパシタが応用されたと推定される。

　さらに時代が下り 2010 年前後，リチウムイオン電池が EV 用，あるいはプ

ラグイン HV（PHV）用として実用化が拡大し始め，まもなく HV への応用も広がり始めた．図 2.34 の性能面から見るとリチウムイオン電池応用一色へと移行しそうに見えるが，大量のエネルギー容量を必要とする EV や PHV ではリチウムイオン電池応用一色となっているものの，HV においてはニッケル水素電池応用も引き続き広範囲に及んでいる．このような状況，すなわち，出力密度において大きな差があるニッケル水素電池とリチウムイオン電池が，高出力充放電用途である HV において共存している状況を解きほぐす試みとして，車載に必要なエネルギー容量と寿命特性との関係について考察したところ，つぎに示すような結果が得られた．

4.3.5　HV 用各種蓄電デバイスの車載エネルギー容量

HV 用蓄電デバイスに求められるエネルギー容量の大きさのうち，実稼働において必要とされるエネルギー入/出量は平均的なブレーキエネルギー回生量の数回分のエネルギー容量があれば十分である．エネルギー密度が小さいキャパシタでも適応可能となっていることから，EV や PHV に比べて格段に容易な要件である．しかし，寿命確保のためにその何倍の車載容量[†]が必要かということが実用上重要である．そこで，市販された HV の蓄電デバイス種類ごとの車載容量について比較するとともに，その容量に基づき寿命の推定比較を試みた結果が**図 4.11** である．図の下段は，ガソリンエンジン搭載の乗用車系 HV，ディーゼルエンジン搭載の小/中型 HV トラックおよびディーゼルエンジン搭載の HV バスにおける，キャパシタ，ニッケル水素電池およびリチウムイオン電池の車載エネルギー容量を示す．いずれの蓄電デバイスにおいても車両総重

[†] 車として必要とする電圧とエネルギー容量になるように蓄電池セルを直・並列に組み合わせて車載蓄電装置を構成する．この蓄電装置が貯蔵可能な最大エネルギー容量を車載容量といい，kW·h，または，蓄電池の場合は，総電圧と A·h 容量で表される．車載容量は，実際の充放電サイクルにおける平均的放電量の n 倍必要となる．蓄電池の場合，出力密度や劣化・寿命特性と目標寿命などを勘案し，n は数倍から 10 倍を超える場合がある．キャパシタの場合，寿命のために n を大きくする必要は少ないが，充放電で電圧が変化するため，負荷側の許容下限電圧遵守から車載容量の 1/2〜2/3 程度しか利用できないので，n はおよそ 2 倍前後となる．

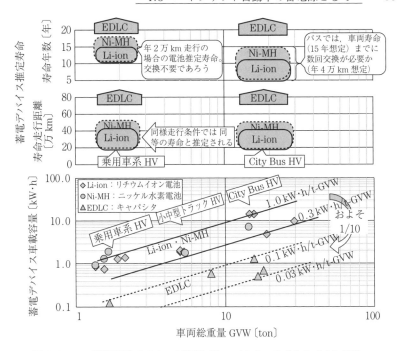

図 4.11 HV 搭載蓄電デバイス 3 種類(キャパシタ,リチウムイオン電池,ニッケル水素電池)の車載容量と推定寿命の関係に関する検討結果

量におおむね比例した容量を車載しているが,これは走行抵抗の大きさにほぼ比例した車載容量と理解できる。これら傾向の中で特徴的なこととして二つのことが見える。一つは,エネルギー密度においてかなりの差があるニッケル水素電池とリチウムイオン電池において車載容量に明確な差が見えないこと,すなわち,リチウムイオン電池はエネルギー密度の大きさを車載電池パックのサイズや重さを小さくする方向に利用しているようで,省エネ向上や寿命延長に利用しているようには見えないことである。このことはコストによることもあろうが,技術的には寿命との関係はどうなのかという疑問が浮かび上がる。寿命について考える前に二つ目の特徴についてであるが,ニッケル水素電池およびリチウムイオン電池応用 HV とキャパシタ応用 HV の車載容量の比が車種にかかわらずおおよそ 10:1 となっている。エネルギー密度または出力密度あるいは寿命に関わるであろうが,10:1 という比はおおよそエネルギー密度の比

に相当するので，エネルギー密度の差による搭載容量比であると理解したい。ただし，以上はそれぞれの蓄電デバイス応用 HV を群として比較した場合であり，個々にはハイブリッド化の度合い（電動駆動系のパワーレベル）の違いも大きいので，10：1よりもかなり上下に変動しているのが実態である。

なお，総重量と車載容量の詳細な相関を見ると，長寿命を求められるトラック・バスの HV において，いずれの蓄電デバイスにおいても乗用車系 HV に比べてやや車載容量が少な目な傾向にあるのは意外である。トラック・バスの HV ではハイブリッド化の度合いが低めであるとか路線バス HV は高速走行を前提としていないこと，あるいはコストを抑えるためなどが要因と考えられる。

以上に述べた車載容量の比較から，ニッケル水素電池とリチウムイオン電池の応用における出力密度の差と寿命との関係について，さらにキャパシタ応用 HV の車載容量がエネルギー密度ベースで設計されているとするとキャパシタの出力密度／寿命特性がどのように設計に反映されているのか，あるいは反映されていないのか，が疑問として浮かび上がる。

4.3.6　HV 用各種蓄電デバイスの寿命比較

寿命について比較を試みた結果が図 4.11 の上段である。図には路線バス HV と乗用車系 HV について都市内走行に限定した場合のおよその推定寿命を示しているが，まず，要点である寿命の推定方法について説明したい。

最初に，バスの HV では世界的に大多数の方式であるパラレル型ハイブリッドバス（150 kW モータ搭載，計算重量 15 750 kg／半積相当）にリチウムイオン電池を応用した場合について，多くの実験を積み重ねて構築された新たな考え方に基づく"加成分法"と称されるリチウムイオン電池劣化評価モデルに関する研究報告[1]および，最近のリチウムイオン電池劣化データに関する報告数例の中間レベルの劣化特性をベースに筆者が構築したリチウムイオン電池劣化モデル[2]を組み込んだ走行シミュレーションを用いて寿命走行距離を推定した。走行モードは都市内路線バスの平均的レベルと想定される平均車速 16.7 km／h のバスモードを用いた。

キャパシタをHVバスに応用した場合については，図4.11に示した最近の高出力密度タイプのキャパシタを基に，充放電による電圧変化および電流変化/自己発熱と冷却を考慮して構築したキャパシタ劣化モデル[2]を組み込んだ走行シミュレーションを用い，リチウムイオン電池と同様の条件で寿命走行距離を推定した。HVバスにおけるニッケル水素電池の寿命推定については，HVの場合のようにサイクル頻度の高い充放電条件でリチウムイオン電池とニッケル水素電池の寿命試験を行った結果報告[3]における劣化特性の差からニッケル水素電池劣化モデルを構築し，リチウムイオン電池同様の走行シミュレーションを用いて寿命走行距離を推定した。HVバスにおける寿命年数は，バスの年間平均走行距離が4万km（路線バスの世界的な平均レベルと推定される）とした場合である。

乗用車系HVへの応用における3種の蓄電デバイス寿命については，都市内走行においてはバスの寿命走行距離と同等であろうと推定した。理由は，乗用車系はバスに比べて車速や加減速度が若干高めであり，電池への充放電負荷レートは高めと予想されるが，図4.11の下段に示されるように乗用車系の蓄電デバイス車載容量は総重量比例で見るとバスよりも多めであり，総合的に同等寿命と推定した。乗用車系の寿命年数は，年間走行距離が多めの2万kmと想定した場合を示しているので，北海道地区を除く地区ではさらに長い寿命年数になることも想定されるが，カレンダ劣化が進むこともあり，それほど長い年数にはならないと考える。

さて，図4.11の上段に示す寿命推定結果の比較であるが，HVバスにおいて同等車載容量であればニッケル水素電池はリチウムイオン電池に比べて寿命走行距離は若干上回るという結果であった。出力密度と寿命の相関はあまりないということのようだ。キャパシタは，ニッケル水素電池/リチウムイオン電池の車載容量の1/10の容量を車載した場合にはリチウムイオン電池の寿命のおよそ2倍以上という結果であった。ニッケル水素電池およびリチウムイオン電池の寿命年数は5年程度から15年弱と換算されるので，バスの平均的車両寿命は15年程度といわれていることから，いずれも1回ないし数回の電池交

換が必要と推定される．したがって，HVバスにおけるニッケル水素電池およびリチウムイオン電池の車載容量はバスの寿命期間に対応した設計がされておらず，初期コストやサイズ／重量を重視した設計がなされていると理解される．キャパシタについてはおよそ20年またはそれ以上の寿命が推定され交換不要という結果であった．いずれ普及台数が増えると電池交換というランニングコストが大きな課題となる可能性もあるので，交換不要というメリットへの評価からキャパシタHVバスの普及の可能性も見込まれる．なお，いずれの蓄電デバイスとも寿命推定値に大きな幅があるが，これは回生能力の度合いや電池の車載容量などを変化させた場合の寿命幅を示すもので，ハイブリッド化のコンセプトによって変動する範囲を示している．

　乗用車系HVの寿命走行距離はバスと同等と推定したことから，リチウムイオン電池の寿命は短くても20万km，10年，寿命推定幅の中間では30万超km，約15年，ニッケル水素電池の寿命はリチウムイオン電池よりも長くなると推定されるので，一般的用途の乗用車ではバスの場合のような電池交換はほとんど不要であろうと推定される．とすれば，長寿命なキャパシタは一般的な乗用車系HVでは必要性が少ないであろう．また，リチウムイオン電池の高性能メリットは，車載エネルギー容量を増やすことや長寿命化に利用されることよりも，むしろ車載容量を小さめにしてサイズ／重量の小さいコンパクトな電池パックとし，エネルギー回生能力を確保するなどの省エネ効果と電動系の小型／軽量化効果に活用されていると理解することができる．実際，最近，このような狙いからと思われるが，ニッケル水素電池応用が主体のHV乗用車において，車重の重いグレードの高いモデルにはリチウムイオン電池が応用され，発売されたことは興味深い新たな動きである．

4.4　EV/PHVの電源として

4.4.1　EVの電源として

　キャパシタはエネルギー密度が小さいので，長距離を走るようなEVに単独

で電源として用いることは，特殊用途以外では困難であろう。一方，エネルギー密度がキャパシタの10倍を超える最近のリチウムイオン電池の場合，乗用車など小型車EVに搭載され世界的規模で普及が始まっている。広く普及するためには，1回の充電での航続距離や蓄電池の性能・コスト，充電インフラなどにおいてまだまだ課題山積とは思われるが，現在のリチウムイオン電池のポテンシャルにとって，例えば，20～30万km程度の寿命走行距離をもつ，あるいは，200kmを超える航続距離も可能などにより，大きな普及障壁は取り除かれつつあるように見える。

しかしながら，バスなどの商用車EVにおいては，夜間などに1回の充電で長距離を走れるEV（Full Battery式EVと呼ぶ）とするためには，リチウムイオン電池応用でも著しく大きく重く，そして高コストな蓄電装置を搭載しなければならない状況にある。例えば，夜間に1回充電するだけで1日の営業走行（150～200km程度）が可能なEVバスは，およそ300kW·hのリチウムイオン電池を搭載している。これほど大規模な蓄電装置を車載するためにはかなり大掛かりな筐体構造とする必要があり，電池セル単体のエネルギー密度が高くても蓄電装置全体ではエネルギー密度が大きく低下してしまうため，蓄電装置重量は4 000kg前後かそれ以上に達すると推定される。これはディーゼルバスのエンジン4台分以上に相当する重量なので，乗車定員の大幅減や重量増による車両効率悪化（充電電力費用の増大）につながる上に，図4.11に示したように車両寿命まで寿命がもたない可能性が高く電池交換が必要となり，実用性が著しくダウンすることになる。Full Battery式EVバスでは，リチウムイオン蓄電装置の交換費用を含めたトータルコストがHVバスの場合のおよそ20～30倍に及ぶという試算[2]があり，蓄電源に関わるコストを含めた実用上の問題が普及への最大の障壁であろう。

以上のような背景からと思われるが，蓄電池を多く使わないタイプのEVバスが種々実用化されてきている。一つは，電池交換式EVバスである。Full Battery式EVの1/2，またはそれ以下の容量のカートリッジ式リチウムイオン蓄電装置を搭載し，1日に1～数回，電池交換所兼充電所に戻り，短時間で

充電済み電池と交換し営業走行を再開する方式のバスである。中国では一時，上海，北京など大都市で普及したが，その後の普及拡大情報は得られていない。日本ではバスとタクシーにて実証試験を行ったが，まだ普及まで進んでいない。

　二つ目は，多頻度充電式 EV バスである。この方式の EV バスは，搭載蓄電装置の種類と大きさや充電場所がいろいろである。例えば，Full Battery 式 EV バスの電池容量の 1/5 程度の小型リチウムイオン電池を搭載し，大きなバスターミナルのような場所に充電設備を備えて，例えば 40 km ほどの走行ごとに，1 日に数回充電する方式の EV バスが，日本において実証試験的段階であるが複数個所において営業運行が開始されている。また，キャパシタを搭載し，バス停などにて急速充電を行いながら走り続ける EV バスが，中国において 2010 年頃から普及が始まり拡大方向にある。そのようなキャパシタを主電源として応用している EV バス 2 例を**図 4.12** に示す。

（a）キャパシタを単独で搭載する EV バス（数 km ごとにバス停で 60 秒前後充電，短い間隔で充電を続ける方式のバス）

（b）キャパシタを主電源，リチウムイオン電池を補助電源として搭載する EV バス（バス停数箇所走行ごとにバス停で 30 秒程度充電，不揃いな充電間隔にも対応可能）

図 4.12　中国におけるキャパシタを主電源とする多頻度充電式 EV バス例（上海（a）と寧波（b）における稼働風景）

4.4.2　短区間走行ごとに充電を繰り返す EV バスとキャパシタ

　図 4.12 の例のような短い間隔で急速充電を繰り返す多頻度充電式 EV は，

4.4 EV/PHV の電源として　　105

短い区間ごとに必ずバス停がある路線バスだから可能という背景もあると思われるが，なぜキャパシタ搭載なのか，キャパシタの特長とどのような関係があるのか探ってみることにする。

　頻繁な急速充電に適応性の高い蓄電デバイスとして，キャパシタとリチウムイオン電池，および LiC（リチウムイオンキャパシタ）が考えられるが，前記したように事例として実在する多頻度充電式 EV バスに搭載されているリチウムイオン電池とキャパシタについて比較を試みた結果を図 4.13 に示す。ここでは，図 4.11 における HV バスの検討方法と同様に，リチウムイオン電池／キャパシタを EV バスに搭載した場合の寿命予測など計算を行った結果[2]からの引用であるが，リチウムイオン電池の場合は，現実的な電池搭載量においてバス想定寿命 15 年に適応できる電池寿命は望めそうにないことから，電池交換は 1 回だけとするように寿命 8 年（32 万 km）を目標に車載容量を求めた。なお，小さい容量（低コスト）のリチウムイオン電池を搭載し数回交換する場

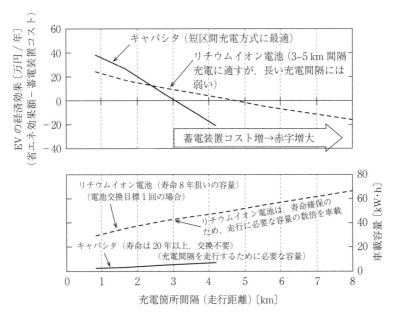

図 4.13　多頻度充電式 EV バスにキャパシタおよびリチウムイオン電池を適用した場合の省エネ経済性に関する検討結果

合も，車両寿命期間全体にわたる電池コストはそれほど変わらなかった。キャパシタの場合は，充電と充電の間の区間を走行するための所要放電エネルギー容量を確保するために必要な車載容量を求めた。その場合，キャパシタ寿命はおよそ20年以上と予測され，バス使用期間途中でのキャパシタ交換は必要ないという結果であった。キャパシタとリチウムイオン電池との比較については，ディーゼルバスからEVバスに転換することで得られる省エネ効果から燃料費削減効果額（年額）を算出し，そこから蓄電装置コスト（交換電池コスト含めて）の年当り負担額を差し引いた額，すなわち，EVバスの普及性のベースとなる経済性を比較することとした。

その結果，キャパシタもリチウムイオン電池も充電間隔が長くなるほど，経済性が大きく悪化することが示された。ただし，両者でその原因はまったく異なっており，リチウムイオン電池の場合は，1回の充電電力量が多くなるほど，急速充電振幅が大きくなりサイクル劣化が増大するので，寿命確保のために車載容量を増量しなければならず，キャパシタの場合は，充電間隔に応じた所要走行エネルギー量を車載する必要があるため蓄電装置コストが増大するという違いがある。多頻度充電式EVバスの経済効果は，充電間隔が短いほど良くなるという大きな傾向はキャパシタもリチウムイオン電池も同様であるが，充電間隔がおよそ2km以内の場合は，キャパシタのほうが優位という結果である。かつ，キャパシタは交換の必要がないということも利点となる。中国において，図4.13にて示したキャパシタ車載量と同様容量のキャパシタを搭載し，数kmごとのバス停にて急速充電するEVバスが普及拡大しているという理由がおおよそ解明できたわけである。なお，図4.13の結果は，日本における軽油価格，電気料金およびキャパシタ/リチウムイオン電池推定コスト[2]の場合である。

以上のことから，キャパシタを搭載する多頻度充電式のEVは，将来，自動車の大半がEVに移行する過程で必須の手段と考えられている非接触式給電方式（ワイヤレス給電，車側から見れば充電である）やワイヤレス給電をベースとした走行中給電方式との組合せにおいて，最適なEV方式となるのではない

かと想像が膨らんでくる。太陽光発電などによるワイヤレス走行給電インフラを備えた道路網が整備され，キャパシタなど高出力で長寿命な蓄電デバイスをわずかに搭載したシンプルで安価な EV が広く普及する時代をイメージすると，給油スタンドあるいは急速充電所にわざわざ立ち寄る必要もなくなり，利便性の良い EV 時代が到来しそうである。ただ，この多頻度充電式 EV（いずれは走行中充電式 EV）は，多数箇所に給電インフラを設ける必要があるので，長期的な取組みによる普及進展となることはやむを得ないであろう。

4.4.3　PHV の電源として

各種 EV の特長の一部を引き継ぎ，弱点を補い，かつ，HV の省エネ性と CO_2 低減効果をさらに改善することが可能なタイプとして，プラグインハイブリッド自動車（plug-in HV, PHV）が，乗用車系とバスにおいて世界的な規模で普及拡大が始まっている。HV の電動化を一層発展させ，さらに，持続可能なエネルギー利用へ徐々に移行が可能な方式の自動車であり，守備範囲（普及の幅と普及期間の長さ）が広いタイプの自動車と位置づけることができる。

PHV は，蓄電池へのサイクル負荷が HV や多頻度充電式 EV と同様に厳しい用途であり，電池寿命・電池交換の問題が懸念されるが，乗用車系 PHV がリチウムイオン電池を搭載し，すでに相当普及が進んでいることから，図 4.11 の HV 例のように，乗用車系ではリチウムイオン電池の寿命特性にて適応可能な用途であろうと思われる。

一方，バスの PHV については，リチウムイオン電池搭載で欧州，中国においてつい最近実用化され，政策支援などにより広がる気配である。国内ではリチウムイオン電池応用により開発段階の事例がある。PHV バスへのリチウムイオン電池応用は，図 4.11 の HV バス例や図 4.13 の多頻度充電式 EV バス例同様に，サイクル負荷が厳しく電池交換などによる蓄電池費用増加が普及性を阻害しかねないが，交換費用を含めたリチウムイオン蓄電装置のトータルコストは Full Battery 式 EV バスの場合の 1/10 前後という試算[2]があり，普及へのハードルはかなり低いようである。

一方，キャパシタの場合，単独ではエネルギー容量が少ないので適応性が低い。PHV バスの普及拡大には，サイクル負荷に対しキャパシタ相当の耐久性があり，エネルギー密度がリチウムイオン電池に近いという新たな蓄電デバイスの出現を期待したい。新たな蓄電デバイスといえるかどうかであるが，最近，中国においてキャパシタとリチウムイオン電池をユニットレベルで組み合わせた Combined 型蓄電装置を搭載した PHV バスが出現し注目を浴びているようである。また，LiC の適応性が高い用途のようにも思われるので，今後に注目したい。筆者の検討[2]によると，Full Battery 式 EV バスにリチウムイオン電池を応用した場合の蓄電源に関わる実用性課題（蓄電池の大きさ，重さ，交換電池費用含めた蓄電池コスト）の大きさに比べて，多頻度充電式 EV バスおよび PHV バスの蓄電源課題は格段に小さく，多頻度充電式 EV バスにはキャパシタ応用などにより，PHV バスには Combined 型蓄電装置応用などで実用性，普及性を確保できる可能性はかなり見込めそうである。

以上のことから，非実用的な Full Battery 式 EV バスの普及を待つよりも，当面の間，あるいは近未来的には，多頻度充電式 EV バスおよび PHV バスの普及に期待し，努力することが，CO_2 やエネルギー問題への対応策として効果的であるといえないだろうか。

4.5 電動補機ならびに電子電装機器の電源として

表 4.1 にて示したように，省エネ・CO_2 削減狙いとは別に，衝突回避など安全運転支援，そして自動運転化に向けて自動ブレーキや自動操舵などの実現のための電動補機・電子電装機器の拡大や機能強化が急進展し始めている。この電動補機・電装系の拡大や高機能化は電源にとって負荷が増大する上，電源の信頼性が従来以上に安全に関わることになるため，蓄電源の高出力化（大電流化，高電圧化）とともに，二重電源化などによる安全・信頼性向上が大きな課題となる。

図 4.14 にトヨタプリウスなどの電子制御ブレーキシステムの非常用電源と

4.5 電動補機ならびに電子電装機器の電源として

図 4.14 電子制御用電源バックアップユニットの外観と
内挿されているキャパシタセルの内部構造図
〔提供：パナソニック株式会社〕

してキャパシタが使われていた実例を示す。ここに使われていた円筒状のEDLCの重量エネルギー密度は 2.3 W·h/kg，重量出力密度は 3.8 kW/kg である。

　本節における安全性や快適性向上という狙いの電動補機・電子電装システムと，4.2 節で述べた省エネ狙いのエネルギー回生型電動補機システムとは電源が共通である。二つの狙いを両立させるためには，電動補機系のエネルギー消費増大を超える省エネ性向上，例えばエネルギー回生の強化などが課題であろうが，現状の 12/24 V 鉛蓄電池の強化，あるいはそれにキャパシタなど補助電源を増設する（本節事例）方向が最適なのか，または，二つの狙いを同時に大きく実現できそうな新たな 48 V 等高電圧蓄電デバイス（リチウムイオン電池ベース，キャパシタベース，LiC ベースなどが考えられる）が採用される方向に進むのか，現時点では検討，研究的段階にあり混沌としている。鉛蓄電池が環境問題から使用が難しくなるか，あるいは世界各国の燃費規制が格段に厳しくなるなどの政策動向による部分も大きいであろうことから，先行きは不透明である。いずれにしても，蓄電デバイスにとっては新たな大きな用途であり，しかも効果的なエネルギー回生機能を求められることから，キャパシタおよび LiC にとって適応性を発揮しやすい大きな用途が拓ける可能性がある。HV のように高コストとなるが省エネパフォーマンスも高いという用途用の蓄電デバイスと同列にはいかないと思われる分野であり，一層の高性能化と耐温

性含む耐久性向上とともに低コスト化が大きな課題になると思われる。

4.6 蓄電源から見た自動車の電動化，キャパシタの可能性

HVの省エネ・CO_2削減効果を高め，かつ，実用性，普及性を確保できたのはニッケル水素電池とリチウムイオン電池の出現によるものだった。現在，それら蓄電池が，全般的には大きな役割を担う実力をすでにもったといえるであろう。ただし，HVバスなどの充放電サイクル負荷が厳しく長寿命を要する用途ではかなり不十分さがあるので，高性能なキャパシタ，または，キャパシタとリチウムイオン電池の特性を併せ持つ新たな蓄電源の出現が待たれる。

HV化に頼らずに，エンジン車において一層の燃費向上を進めることも，世界規模で省エネとCO_2削減を進展させるためには必須であろう。それにはエネルギー回生型電源システムが効果的であり，キャパシタ応用エネルギー回生型電源システムの普及拡大が目覚ましい。キャパシタの特性が活かされる用途であるが，コストパフォーマンスの厳しい技術分野のようであり，キャパシタには一層の性能・実用性向上（出力密度，エネルギー密度，耐久性，コスト）を期待したい。コストパフォーマンスを高めるため，運転支援強化など安全性向上のための電源ニーズへの対応を併せ持つ方向への進展も考えられる。

長期的にはエネルギー転換への対応が必須である。化石燃料から持続可能な新エネルギー利用への移行であるが，PHV，EVあるいはFCVへの移行が考えられる。この移行において，EVでは蓄電源が，FCVでは水素インフラが最難題となろう。そこで，当面は蓄電源のハードルが低いPHVを普及させることが自動車全般にわたって効果的であろう。PHVは石油系燃料依存が続くが，電力の脱化石燃料化も長期にわたる見通しであり，CO_2削減の点ではPHVでもEVにそれほど劣ることは当面ないと思われる。また，公共交通機関である路線バスではバス停などを活用して，キャパシタの適応性が高い多頻度充電式EVバスを普及させることが効果的であろう。

長期的にはバス以外においても，キャパシタなどを搭載したシンプルな多頻

度充電式 EV をベースに，ワイヤレス方式の走行中給電インフラを活用する方向が利便性の高い EV 時代を築くのではないだろうか。その理由は，ガソリンなど液体燃料のエネルギー密度に比べて蓄電源のエネルギー密度は，さらに向上できるとしても小さすぎるので，蓄電源の容量の大きさに依存する EV では，広範な用途で EV の利便性を確保することは到底困難であろうと推定されるからである。快適な EV 時代は，大きな電池ベースの電池 EV に固執せず，ソーラーなど分散発電による走行中給電インフラベースの小さな電池をさりげなく備えたスマートな EV によって築かれるのではないだろうか。

5 広がるキャパシタの用途

4章において，自動車用途の大容量キャパシタについて紹介した．自動車以外にも，その特徴を活かしてキャパシタは広く使われている．本章では，大容量キャパシタのさまざまな用途について紹介するが，基本的には大容量キャパシタのもつ以下の特徴が活かされている．

- 瞬間的に大きな電気エネルギーを取り出せる（パワー密度が大きい）
- 瞬間的に大きな電気エネルギーを蓄えられる
- 過酷な温度領域でも使える（$-40 \sim +70°C$に耐えられる）
- 充放電を繰り返しても劣化しない
- 安全性が高い（燃えにくい，爆発しない）

5.1 従来の使い方

1970年代に電気二重層キャパシタ（EDLC）が実用化されてから，小形のEDLCはメモリバックアップ用電源やリアルタイムクロック（コンピュータ内部の時計）用電源としておもに使われ，長い実績がある．**図5.1**にコイン形EDLCを示す．これらの大きさは直径約5 mmから2 cm程度の小型の製品であり，容量については，大きさにもよるが0.07 Fから1.5 Fである．同程度の大きさの電解コンデンサの容量は大きくても数 mFであるので，EDLCの容量がいかに大きいかがわかる．

コンピュータ内のメモリや時計にEDLCが使われる理由は，キャパシタが

5.2 機器の省エネ用途   113

図 5.1　コイン形 EDLC〔提供：エルナー株式会社〕

出力特性に優れ，かつ繰り返しの充放電に対してきわめて高い耐久性をもつためである。**図 5.2** に EDLC を用いたバックアップ電源の基本回路の概念を示す。EDLC は，コンピュータの主電源がオフとなってもメモリや時計に電力を供給し続け，メモリの消失，誤表示・誤動作を防ぐ役割ももつ。EDLC の実用化当初はこのような用途でのキャパシタの生産がほとんどであり，現在でも EDLC の生産個数の大半を占める。

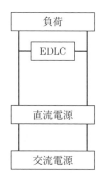

図 5.2　EDLC を用いたバックアップ電源の基本回路の概念

5.2　機器の省エネ用途

　コピー機では，感光体から紙に転写されたトナー樹脂を定着ローラによって融解することで紙に定着させる。この定着ローラの加熱はヒータの電源を入れ

てから数分間かかるが，短時間で加熱を完了させようと待機中に予備加熱を行うと多くの電力を消費してしまう。この問題は，定着ローラやトナーの改良によって解決されたが，出力枚数速度が高い機種の場合には，その方法だけでは省エネと起動時間の短縮の両立が困難であった。ところが，待機中にキャパシタに蓄電した電力を使って急速加熱を行う方式が開発され，起動時間の大幅な短縮と消費電力の削減が実現された。急速加熱のための大電力供給はキャパシタの得意とするところである。図 5.3 に EDLC を搭載したコピー機の外観を示す。キャパシタはオフィスの機器の高性能化にも貢献しているのである。

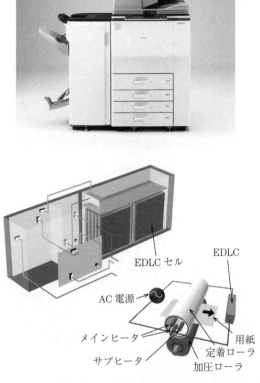

図 5.3　EDLC を用いたコピー機の外観（上）とその仕組み（下）
〔提供：リコー株式会社, http://www.ricoh.co.jp/〕

5.3 電力の安定化用 ─ 瞬間電圧低下補償システム ─

キャパシタは工場でも役に立っている。工場での生産ラインは電力によって稼働しているため，停電は生産効率を落とす大きな問題である。数時間にわたる停電だけでなく，秒単位の停電や電圧の低下は，製品の品質管理に悪影響を及ぼし，時に多額の損失が発生する。瞬間的な電圧の低下は，瞬間電圧低下（瞬低）と呼ばれ，雷などの送電線事故が原因である。瞬間電圧低下が発生したときに瞬時に電力を供給し，安定的な電力を供給する装置が開発されている。このような装置は，瞬間電圧低下補償システムと呼ばれ，キャパシタを用いることで開発され，実用化されている。

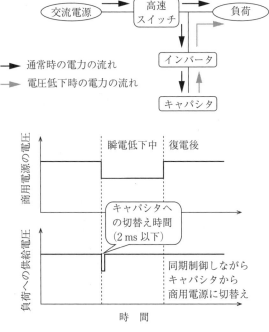

図 5.4 瞬間電圧低下補償システムの動作機構（上）と動作状態（下）

図 5.4 に瞬間電圧低下補償システムの動作機構を示す。平常時は，商用交流電源により工場の設備を稼働させると同時に，キャパシタを充電し，瞬低に備えた状態である。瞬低が生じると高速スイッチが感知し，瞬時にキャパシタから工場の設備に電力供給を行う。その切替えは数ミリ秒以下の高速で行われる。復電時には，商用交流電源に同期させるように制御しながらキャパシタからの電力供給を止める。瞬時の電力供給をスムーズに行うためには，高速な放電を得意とするキャパシタの長所が活かされている。**図 5.5** に商品化されている瞬間電圧低下補償システムならびに搭載されている EDLC の外観を示す。

図 5.5　瞬間電圧低下補償システムならびに搭載されている
　　　　EDLC モジュールの外観〔提供：株式会社明電舎〕

5.4　再生可能エネルギーの蓄電源として
　　　　― 風力発電・太陽光発電など ―

近年，太陽光発電や風力発電といった再生可能エネルギーがますます注目されるようになった。これらの再生可能エネルギーは天候に左右されるので，一定の出力を維持することができない。そのため，発電によって得られる電力を一時的に蓄電し，発電量が低下したときにその低下分を補うなどの工夫をせねばならない。電力の強弱のムラをなくすことは平準化（レベリング）と呼ば

5.4 再生可能エネルギーの蓄電源として —風力発電・太陽光発電など—

れ，電力の管理においてきわめて重要な手段である。平準化されていない電力は各家庭や工場において使いにくいし，一日あるいは年間を通して必要とされる電力を平準化することは火力発電所での発電効率を高めることにつながる。

太陽光発電や風力発電からの電力の平準化が目的の場合，蓄電源には繰返しの急速な充放電を要求されることになるのでキャパシタが適している。太陽光発電や風力発電からの電力供給には，系統連携方式と独立電源方式の2種類がある（**図5.6**）。前者は，発電システムが商用電力と接続されており，発電された電気を家庭や工場の分電盤に接続して自家消費するとともに，余った電力は電力会社に売電できる。後者は，発電した電力を蓄電源に蓄え，必要に応じて蓄電源から電力を利用する方式である。前者では蓄電源は不要に見えるが，インバータの前で平準化してから用いるのが望ましい。

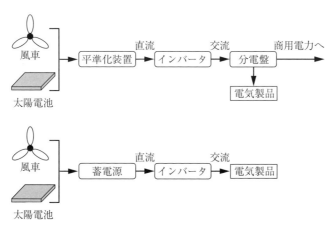

図5.6 系統連携方式（上）と独立電源方式（下）

系統連携方式，独立電源方式の両方においてキャパシタを用いた風力発電ならびに太陽光発電システムが研究開発され，実用化もされている。**図5.7**は，EDLCを用いた太陽光発電システムの一例である。キャパシタによって太陽光発電の蓄電を安定化し，系統連携ならびに独立電源の両方に対応しているのが特徴である。

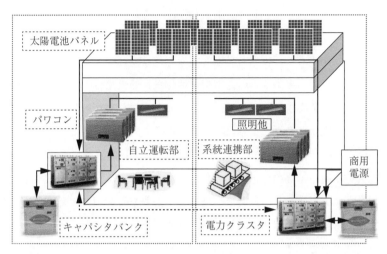

図 5.7　EDLC による蓄電を用いた分散型電力システム（オムロン株式会社）（キャパシタフォーラム最新応用事例集より）

5.5　その他の用途

これまでに紹介した用途以外にも，キャパシタはさまざまな分野で使われている．以下にいくつかの例を紹介する．基本的にはキャパシタのもつパワー，急速に充電できるスピード，過酷な環境・使用条件にも耐えるタフさを活かして，さまざまな製品に応用されている．

5.5.1　電動式フォークリフト

電動式フォークリフトにキャパシタを搭載した機種が開発され販売されている．電動式フォークリフトにキャパシタを利用する理由は，本質的には自動車用途と同じである．図 5.8 にキャパシタ搭載電動式フォークリフトの外観とシステム概念を示す．フォークリフトは工場および倉庫などで使われる運搬車であるが，電動式のものは，例えば食品関係などガソリンエンジンの排気を嫌う環境でのニーズが高い．フォークリフトでは発進・停止，加速・減速，前後

5.5 その他の用途　　119

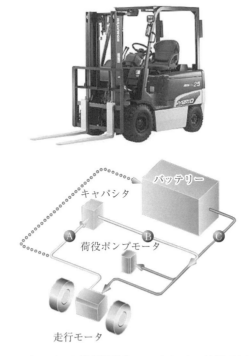

図 5.8　キャパシタ搭載電動式フォークリフトの外観（上）と
システム概念（下）〔提供：コマツリフト株式会社〕

進切替といった動作を繰返し行うので，回生エネルギーが発生する機会が格段に多い。これらの回生エネルギーを二次電池だけでなくキャパシタにも蓄え上手に利用することで，キャパシタ搭載電動式フォークリフトは 20 〜 30％の省エネを達成している。

5.5.2　パワーショベル

キャパシタは工事現場でも活躍している。キャパシタによるハイブリッドシステムが応用されたパワーショベルを紹介する。パワーショベルはショベルの向きを変える旋回運動を頻繁に繰り返す。旋回減速時に発生するエネルギーを旋回電動モータで電力に変換し，キャパシタを充電する。蓄えた電力は旋回加速時やエンジンの駆動時のパワーアシストに使われる。パワーショベルも急速

なエネルギー回生システムを必要とするため，回生用蓄電デバイスとしてキャパシタが選ばれている．図5.9に，キャパシタハイブリッドシステムを搭載したパワーショベルの外観，内部構造，システム概略図を示す．このパワーショベルでは，油圧システムの省エネ化とキャパシタハイブリッドシステムの利用により，燃費消費量が約20％低減されている．

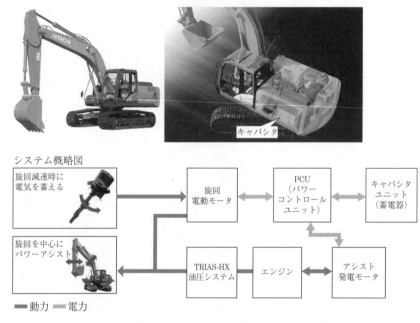

図5.9 キャパシタ搭載パワーショベルの外観（左上），内部構造（右上）とシステム概念（下）〔提供：日立建機株式会社〕

5.5.3 トランスファークレーン

つぎに，キャパシタが応用されているかなり大きな機械製品を紹介する．湾岸などでコンテナの積み卸しの役割を果たすクレーンにキャパシタハイブリッドシステムが採用されている．図5.10に，キャパシタハイブリッド式トランスファークレーンの外観を示す．従来のトランスファークレーンでは，エンジンによる発電によってモータを駆動させクレーンを巻き上げる．しかし，キャ

5.5 その他の用途

図 5.10 キャパシタハイブリッド式トランスファークレーンの外観（安川シーメンスオートメーション・ドライブ株式会社）（キャパシタフォーラム最新応用事例集）

パシタハイブリッド式クレーンでは，これまで熱として無駄にしていたクレーンを下げるときの自由落下のエネルギーをキャパシタに蓄電し，その蓄えられた回生エネルギーをクレーン巻上げの際に用いることができる。このため，エンジンの騒音が低減できるだけでなく，燃料費が節約され，CO_2 の排出量も削減される。

5.5.4 エレベータ

エレベータにキャパシタを利用したタイプが商品化されている。エレベータにキャパシタを用いるのもエレベータ走行時の回生エネルギーの蓄電と再利用による省エネが目的である。図 5.11 にキャパシタを利用したエレベータの仕組みを示す。エレベータは重りと人が乗る「かご」がロープを介して滑車（綱車）につるべ状に掛けられ，モータで綱車を駆動させることでかごを上下させる仕組みとなっている。重りと定員の半数が乗っているかごが釣り合うように設計されているので，かごが満員のときにはかごが下降するときにエネルギーが回生され，逆にかごが空のときにはかごを上昇させるときにエネルギーが回生される。いずれにしても，かごあるいは重りがこれまでは自由落下するときに捨てていたエネルギーを上昇時のパワーアシストに上手に使う。図 5.12 に荷物用エレベータ用のキャパシタを示す。

122   5. 広がるキャパシタの用途

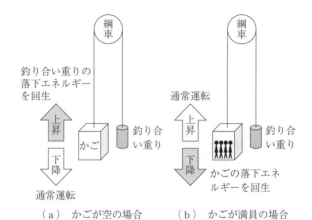

（a）かごが空の場合　　（b）かごが満員の場合

図5.11 キャパシタによる回生電力蓄電システムを利用したエレベータの仕組み

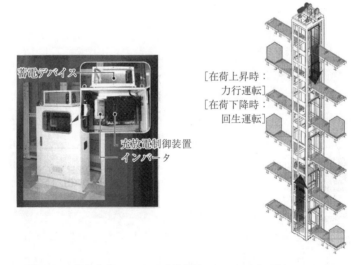

図5.12 垂直往復コンベア（荷物用エレベータ）用キャパシタ「VEAS」の外観と垂直往復コンベアのイメージ図（ホクショー株式会社）（キャパシタフォーラム最新応用事例集第2版より）

5.5.5 旅　客　機

キャパシタの活躍は地上だけにとどまらない。例えば，旅客機にも EDLC は使われている。旅客機のドアは，事故や故障などの非常時に主電源系統とは独立して稼働しなくてはならない。しかし，エアバス社の最新型旅客機 A380（図 5.13）の 16 個のドアは従来の旅客機と比べて大変大きく，かつ重いため，手動では動かすことはできない。そこで，瞬時に大きな電力を取り出せる EDLC を用いた非常ドア駆動システムが採用されている。このような用途にキャパシタが使われるのは，単にパワー密度が高いだけでなく，メンテナンスフリー，長寿命などの信頼性に関わる特性が優れているからにほかならない。

図 5.13　EDLC が使われている旅客機 A380
〔提供：エアバス・ジャパン株式会社〕

5.5.6　小惑星探査用移動ロボット

さらには宇宙にもキャパシタは進出している。小惑星探査機「はやぶさ」は小惑星「イトカワ」を探査し，イトカワ表面から採取した物質を 2010 年 3 月に地球に持ち帰ったことで大いに話題になった。このはやぶさに搭載された小型移動ロボット「MINERVA（ミネルバ）」に，じつはキャパシタが使われていた。図 5.14 にはやぶさのイメージならびに MINERVA の外観を示す。MINERVA はイトカワの表面上を探査して表面形状や温度測定を目的としたロボットである。MINERVA は太陽電池から駆動電力を得るが，太陽が照射されていないときのために蓄電源が必要である。この蓄電源として EDLC が採用

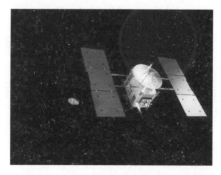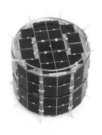

図5.14 イトカワに到着する小惑星探査機はやぶさのイメージならびに小惑星表面探査ローバMINERVA〔提供：JAXA〕

された。これは，EDLCが，充放電の繰り返しによる劣化が少ない，瞬間的に大きな電力が取り出せる，微弱な太陽電池からの電力でも効率良く充電できる，といった特性をもつため，太陽電池との相性が良かったからである。もちろん，宇宙環境において−40℃以下から100℃以上といった広い温度範囲での使用に耐えることも重要であった。図5.15にMINERVAに搭載したEDLCを示す。なお，はやぶさの後継であるはやぶさ2の探査ローバMINERVA 2にもEDLCが使われている。

図5.15 MINERVAに搭載されたEDLCの概観〔提供：JAXA〕

5.5.7 風力発電バックアップシステム

先に太陽光発電や風力発電といった再生可能エネルギーの蓄電用にもキャパシタが使えることを紹介した。風力発電に関しては蓄電だけでなく，信頼性向

上のためにもキャパシタは有用である。発電用風車では，落雷などで瞬間的に電力が低下した場合や電源部が故障した場合，数分間でブレード（風車の羽）の位置を安全な角度に戻すシステム（ブレードのピッチコントロールバックアップシステム）が必要である（図 5.16）。発電用大型風車（1 MW 以上）では，ピッチコントロールのバックアップシステムには従来は鉛蓄電池を使用していたが，最近では EDLC を利用するのが一般的になっている。その理由は以下の三つである

- 砂漠のように夜間が−40℃，昼間 60℃といった過酷な環境でも劣化しない。
- 瞬低対策用では数分以内でバックアップが可能な唯一の蓄電源。
- 1 回転に要する時間が 18 秒のブレードに搭載しても大容量キャパシタからの電解液の液漏れがない。

まさにキャパシタの高速応答性，過酷な環境に耐える特性が活かされた応用例といえよう。

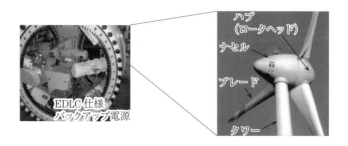

〈風力発電機スペック〉
- 発電量：7 000 kW（年間：2 000 万 kW・h）
- ブレード回転直径：126 m

図 5.16　EDLC 搭載風力発電用バックアップシステム

5.6　ユビキタスとなるキャパシタ

自動車用途も含め，キャパシタの応用例を表 5.1 にまとめた。表中には本書で具体的に紹介していない用途も記載してある。このようにキャパシタはさ

まざまな分野で，おもに信頼性向上・省エネに貢献しており，今後はますますその存在感が増してゆくと期待される。

表5.1 キャパシタの用途

用　途	目　的	おもな効果・理由
ガソリン自動車	電子制御ブレーキの非常用電源や電装機器用の駆動電力の蓄電（回生エネルギー蓄電）	信頼性向上・燃費改善
アイドリングストップ車	補助電源	主電源（蓄電池）の負荷低減
ハイブリッド自動車	パワーアシスト電源（回生エネルギー蓄電）	燃費改善
電気自動車	主電源，パワーアシスト電源	蓄電池の負荷低減
燃料電池自動車	パワーアシスト電源（回生エネルギー蓄電）	加速性改善
小型電子機器	メモリーバックアップ用，リアルタイムクロック用電源	信頼性
コピー機	補助給電システムのための電源	起動時間短縮，省エネ
瞬間電圧低下補償システム	電力の安定化電源	工場での生産性向上
風力発電システム	蓄電，安全対策	電力の安定化，信頼性向上
太陽光発電システム	蓄電	電力の安定化
フォークリフト	パワーアシスト電源（回生エネルギー蓄電）	省エネ
無人搬送車（AGV）	主電源	運搬の効率化と省エネ
X線撮影装置	主電源	充電時間の短縮・電池交換不要
パワーショベル	パワーアシスト電源（回生エネルギー蓄電）	燃費改善
トランスファークレーン	パワーアシスト電源（回生エネルギー蓄電）	燃費改善・騒音低減
レーザポインタ	主電源	電池交換不要・充電時間短縮
エレベータ	ピークカット・回生エネルギー蓄電	設備電源容量低減・消費電力削減
旅客機	ドア駆動の非常用電源	信頼性向上
宇宙探査機	太陽電池からの電力の蓄電	信頼性向上
鉄道	回生エネルギー蓄電	省エネ
海上係留ブイ	太陽電池からの電力の蓄電	信頼性向上・長寿命化
ソーラー式視線誘導標	太陽電池からの電力の蓄電	信頼性向上・長寿命化

6 キャパシタの進化

　これまでの各章での説明のように，キャパシタは大電流での使用，蓄電に優れ，かつ長期充放電サイクル寿命に優れるなど，その特徴，利点は理解されたことと思われる。さらに，用途もその特徴を活かしたさまざまな分野で拡大していることもわかったことと思われる。しかし，さまざまな用途に対してさらに使い勝手の良いデバイスになるために進化が期待され，その方向は次の2点にあるといえる。

　第一には，キャパシタのもっている長所をさらに進化できないかというものである。二次電池は，パワー密度が100 W/kg程度と小さく，瞬間的に1 000 W/kgを超える大電流が必要な用途にはキャパシタしか対応できない。キャパシタは，電池では考えられない何百万回以上もの充放電を繰り返す場合にも適している。もともと，大容量キャパシタの内部抵抗は数 mΩ 程度と低いため，発熱しにくくエネルギー損失が少ない。安全性や温度特性の高さを要求される過酷な環境下で用いられる用途でも有利である。さらに，二次電池では蓄電が難しいわずかな電流や低い電圧でも蓄電できる。このようなキャパシタの強みを伸ばす方向で，さらに内部抵抗を低くすることで高効率化を達成しようとする進化の方向性が模索されており，現実に入出力特性の要求が厳しい自動車用途に数年前より採用され始めている。

　第二は，何といっても市場からの要求が高い「もっとエネルギー密度を高くできないか」というものである。この要求に対して，エネルギー密度の高いリチウムイオン二次電池（LIB）とパワー密度にきわめて有利なキャパシタとを

組み合わせることで，それぞれの欠点を補い，利点を活かしたデバイスができないかといった検討である．その概念を図6.1に示す．実際には一部実用化されてはいるものの，まだその利点を十分に活かされたものとはいえず，両者の利点を最大限に活かすにはそれに適した制御回路技術，制御ソフト，さらには新規のパワー半導体などの開発が必要である．

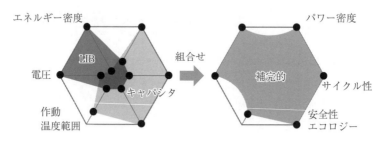

図 6.1 LIB とキャパシタとの組合せ

一方，本来の進化の方向性ともいえる，キャパシタ自体のエネルギー密度を上げる取組みが十数年前から活発になっている．高いエネルギー密度を有する大容量キャパシタを実現するためには，電気二重層キャパシタとは異なるアプローチが必要と考えられ，その有力な手法の一つに，正・負極のどちらか一方に電荷移動反応（ファラデー反応）を利用した電極を用いたハイブリッドキャパシタが提唱されている．本章では，ハイブリッドキャパシタの例として，リチウムイオンキャパシタ（LiC）とナノハイブリッドキャパシタ（NHC）について，また，さらに進化が期待できる第三世代キャパシタの概要について紹介する．

6.1 リチウムイオンキャパシタ

リチウムイオンキャパシタ（LiC, lithium-ion capacitor）とは，負極にリチウムイオン二次電池に使用されているものと同様なリチウムイオンドープ可能な炭素材料を使用したファラデー反応，正極には通常の EDLC に使われてい

6.1 リチウムイオンキャパシタ

る活性炭を使用した非ファラデー反応を利用したハイブリッドキャパシタである。

LiCの歴史は1991年に当時のカネボウ株式会社によってコイン形キャパシタとして実用化されたのが始まりである[1]。その後，富士重工業株式会社，JMエナジー株式会社，昭栄エレクトロニクス株式会社（現太陽誘電エナジーデバイス株式会社），アドバンスト・キャパシタ・テクノロジーズ株式会社，旭化成株式会社，FDK株式会社など多くのキャパシタメーカが参入した。

当初は，"EDLCの正極とエネルギー密度の高いLIBの負極を組み合わせて高容量のキャパシタができないか"といったきっかけで開発が始まったが，単純に組み合わせただけでは負極のリチウム（Li）が電解液中からのみの供給となるので，また，負極の初期の充放電での不可逆反応があるため，たいして容量増大にはならなかった。

そこで，負極のリチウム源を別に設けたらとの発想でリチウムプレドープの技術が開発され，驚異的なエネルギー密度向上が図られた。

ティータイム

　リチウムイオンキャパシタという名称は，リチウムイオン電池と同様にリチウムイオンが充放電に関わることに由来する。負極に炭素材料，正極に活性炭電極を用いて，リチウムイオンが充放電に関わるハイブリッドキャパシタに広く使われている名称である。6.2節のナノハイブリッドキャパシタも広義にはリチウムイオンキャパシタに属するが，本書では別に分けて解説する。

　なお，リチウムイオンキャパシタの略称はLiCあるいはLICなどと表記されているが，Lithium-ion Capacitorと表現されるのが適当と考え，本書では"LiC"と表記する。

　また，余談ではあるが，略称の呼び方を"リック"という人が多いが，"リック"と呼ぶと英語の"lick＝舐める"と誤解され，あまり品が良くないとも思われるので，筆者はなるべく"エルアイシー"と呼んでいる。

130   6. キャパシタの進化

　当初のリチウムプレドープ技術は，コイン形キャパシタでのスタートであったため，負極の電極ペレットに金属リチウムを貼り付けてコイン形セルを組み立て，電解液注入と同時に負極ペレットに貼り付けたリチウムが，時間経過とともに負極電極内にドープされていくという単純なものであった。それでも当時のコイン形キャパシタの耐電圧が 2.5 V であったのに対して LiC では 3.6 V が得られ，容量も約 2 倍で 3 V 系電子回路のバックアップキャパシタとして驚異的なものであった。

　その後，コイン形のみならず，円筒型や大型の積層型キャパシタへの適用が 2000 年頃から本格的に検討されるにつれ[2]，それらに使用される電極は多層であったり，薄い電極が必要となったりで，コイン形の場合のような電極面にリチウムを貼り付けるといった単純な方法では工業的には実施が困難となった。そこで，後述する 6.1.2 項「リチウムプレドープ技術」のように薄膜多層電極に適したドープ方法が考案され，大容量キャパシタへの適用が飛躍的に高まった。

6.1.1　LiC の原理と特徴

　図 6.2 に LiC の原理概念図を示す。負極に電気的に接続された金属リチウムが，電解液の注液と同時に局部電池を形成し，負極の炭素系材料にリチウムイオンとしてドープが始まる。ドープが完了すると負極の電位は概略リチウムの電位（約 0 V *vs.* Li/Li$^+$）となり，正極の活性炭の電位は約 3 V *vs.* Li/Li$^+$ であるので，LiC は充電前の初期電圧として約 3 V の電圧を有する。

　したがって，図 6.3 に示すように，通常の EDLC との充放電電位を比較すると，正極の電位はむしろ低いことがわかる。正極電位が高くなりすぎると，電解液の分解が生じやすく，容量低下，抵抗増加，自己放電の加速などを招き，信頼性が低下するが，図 6.3 のように，LiC の場合には正極電位を高くしなくても高電圧が得られるので，これが結果的に信頼性向上の一因にもなっている。

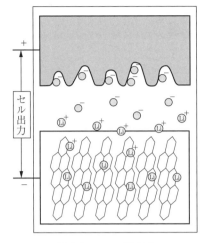

図 6.2 LiC の概念図

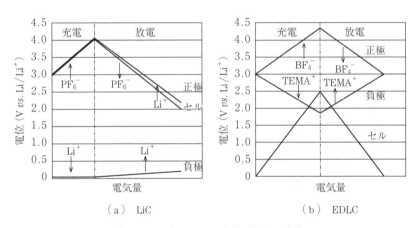

図 6.3 LiC と EDLC の充放電電位の挙動

6.1.2 リチウムプレドープ技術

LiC 開発のきっかけは，前述したように"EDLC の正極とエネルギー密度の高い LIB の負極を組み合わせて高容量のキャパシタができないか"といった発想から始まり，当初は**図 6.4**に示すような単純にそれぞれの正・負極を組み合わせたものであった．しかし，これでは負極の電位がリチウムの電位まで

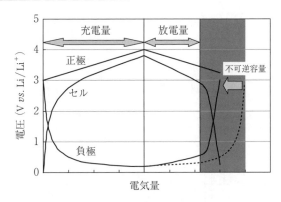

図 6.4 EDLC の正極と LIB の負極を単純に組み合わせた例

下がり,セル電圧を高くすることはできたものの,負極の初期充放電での不可逆容量により放電容量は期待するほど大きくはできなかった。

そこで,この不可逆容量をキャンセルできれば容量増大できるのではとの発想により,あらかじめ負極にリチウムを入れておくことはできないか検討された結果,**図 6.5** に示すようなリチウムプレドープにより容量増大が図れる LiC の概念が完成した。

以下に各種構造のプレドープの方式とその開発経緯について解説する。

〔1〕 **コイン形 LiC** 前項でも述べたように,コイン形の場合は電極層が

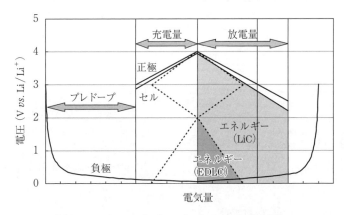

図 6.5 リチウムプレドープによる LiC の基本概念

正負極各1層ずつのペレット構造となっているため，図 6.6 に示すようにリチウムを負電極表面に貼り付けた構造で，電解液注入と同時に負極へリチウムドープが進行する．

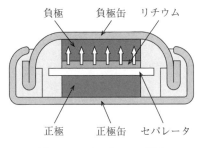

図 6.6　コイン形 LiC の構造

〔2〕 **積層型 LiC 構造とその開発経緯**　積層型 LiC 開発の当初は図 6.7 (a) に示すようにコイン形からの派生で負電極各層にリチウムを貼り付けてドープするといった発想でスタートしたが，積層型の場合，その用途からパワー密度を上げるため電極層を薄くする必要があり，電極各層に貼り付けるリチウムはきわめて薄くしなければならず，工業的，実用的に困難であった．一方，図 6.7 (b) に示すように，厚いリチウムを負電極と水平方向の位置に電気的に接続してドープするものは，水平方向のドープでは極度に時間がかかり，しかも均質にドープすることが困難であった．

そこで，上記構造 (a) (b) の欠点を克服する開発が進められ，図 6.8 に

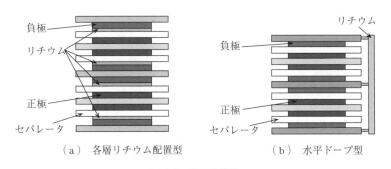

図 6.7　積層型構造

134   6. キャパシタの進化

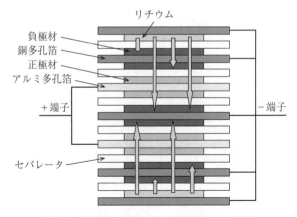

図 6.8 垂直ドープ法による積層型 LiC の構造

示すように，電極基材に多孔箔を使用して多層電極を透過させるドープ方法が見出された．これにより，大容量積層型 LiC の実用化が大きく前進した．このドープ方式を垂直ドープ法と呼び，今日の LiC の主流となっている．

〔3〕 **円筒形 LiC 構造**　　円筒形 LiC 構造も前述の垂直ドープ法と同様の構造で多孔箔基材を使用した電極群を捲回し，その外周負極にリチウムを電気的に接続配置した構造となっている（**図 6.9**）．

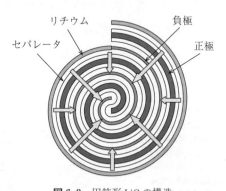

図 6.9 円筒形 LiC の構造

6.1.3 LiC の特性

LiC の最大充電電圧は 3.8 V と対称型 EDLC の 2.5〜2.7 V に比べ約 1.5 倍

と高く，また，容量も同サイズの EDLC に比べ約2倍と高容量となっている。したがって，エネルギー密度も $Q=1/2 \cdot CV^2$ から約4倍と，これまでのEDLC に比べると驚異的に大きいものとなっている。

〔1〕 **重負荷放電特性**　LiC は正極に EDLC と同様の活性炭，負極にリチウムドープされた炭素から構成されているため，EDLC と同様に重負荷放電性能に優れている。**図 6.10** に 2 000 F 級 LiC の放電レート特性の一例を示す。

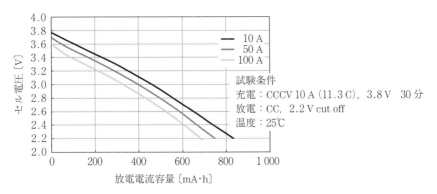

図 6.10　2 000 F 級 LiC の放電レート特性

〔2〕 **温　度　特　性**　**図 6.11** に 2 000 F 級 LiC の放電温度特性の一例を示す。EDLC と比べると若干低温特性に劣る傾向があるのが現状での LiC の課題ともいえるが，LIB と比べるとはるかに優れた温度特性をもっている。

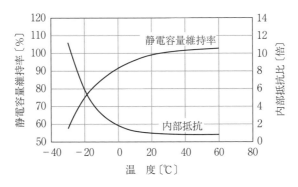

図 6.11　2 000 F 級 LiC の放電温度特性
（25℃のときの値との比較）

〔3〕 **自己放電特性** LiC はあらかじめ負極にリチウムをドープさせ負極の電位を安定化させているため，優れた自己放電特性が代表的な特長の一つである。図6.12に2000F級LiCの3.8V-24時間充電後の25℃と60℃の自己放電特性を示す。このように25℃で100日経過後も3.7V以上の電圧を維持しているなど，良好な自己放電性能を有する。この特性はEDLCでは達成できないものであり，微弱電流での充電も可能とするなど，LiCの用途が多岐にわたることを可能とする1要素ともなっている。

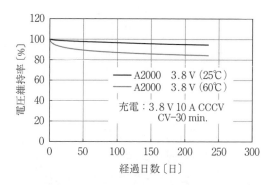

図6.12 2000F級LiCの自己放電特性

6.1.4 LiC の寿命

LiCは正極に活性炭などの分極性電極を使用しイオンの吸脱着反応を用いているためLIBと異なり，充放電サイクル中における正極の結晶変化がなく安定である。しかし，負極はLIBと同種であるので，二次電池と同様に寿命が短いのではという疑問があるので，ここでは，LiCの長寿命について，その理由と原理を説明する。

負極ではあらかじめリチウムを黒鉛などの炭素系材料にドープしてあり，しかも負極の容量は正極活性炭に比べてきわめて大きいので，正負極容量比を変えての設計が可能となるのがLiCの特徴の一つである。標準の長寿命型では図6.13に示すように，充放電における負極中のリチウムイオンの利用率を低く抑える設計がされている。したがって，負極は浅い充放電を繰り返すので，サ

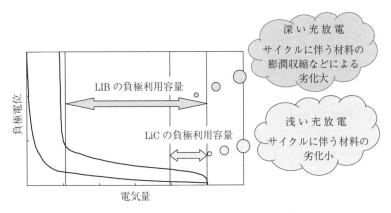

図 6.13 LiC と LIB の負極利用容量の比較

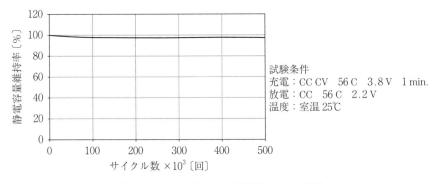

図 6.14 2 000 F 級 LiC の充放電サイクル特性

イクルによる劣化はきわめて少なくなる。実際に**図 6.14** に示すように，通常の EDLC と同等の 50 万回以上の優れた充放電サイクル特性をもっている。

また，正負極容量比を変える（正極の容量比を高くする）ことにより，高エネルギー型の設計も可能となり，用途によって設計の自由度が高い点も LiC の特徴の一つである。

6.1.5 LiC の安全性

LiC は負極にリチウムイオンをドープした炭素材料を使用しているため，LIB と同様な安全性に関する課題があるのではとの議論もあるので，ここでは

LiC の安全性に関して原理的な視点から考察する。

表 6.1 に LIB との主要材料の比較を示す。LiC と LIB では正極材料が異なり，LIB ではコバルト酸リチウムなどのような金属酸化物が使用されているのに対し，LiC では活性炭などの酸素を含まない炭素系材料が使用されているのが大きな相違点である。

表 6.1 LiC と LIB の使用材料比較

		LiC	LIB
主要な構成部材	正 極	活性炭	$LiCoO_2$ など
	負 極	炭素材料	黒鉛など
	電解液	$LiPF_6$/PC，EC，DEC など	$LiPF_6$/PC，EC，DEC など
	セパレータ	PE，セルロースなど	PE など
	外装缶	アルミ	アルミ，スチールなど

したがって，**図 6.15** に示すように，LiC と LIB の内部短絡時の挙動の相違が考えられている。

内部短絡後，両者とも短絡電流によりセル内部温度の上昇が起こり，それに

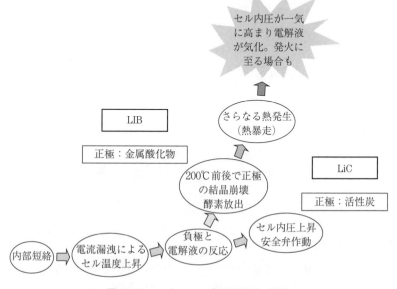

図 6.15 LiC と LIB の内部短絡時の挙動

伴う負極と電解液の反応によりセル内圧の上昇が起きる。その後，LIBでは正極の結晶崩壊が起こり，正極酸化物中の酸素が放出され，さらなる熱暴走が誘発され，場合によってはセル内圧のさらなる上昇，電解液の気化により，発火，破裂が起こる場合がある。これに対し，LiCでは短絡後のセル内部温度上昇による負極と電解液の反応によりセル内圧の上昇が起こるが，その後はLIBとの正極材料の違い（酸素を含まない）により熱暴走反応は起こらず，安全弁の開放などによりおとなしく終結する。

このように，LiCはLIBとの正極材料の相違によって，たとえ内部短絡などの事故が発生しても，熱暴走による発火，破裂などの大事故には至らず，通常の非水溶媒系EDLCと同様の安全性が理論的に保たれている。

表6.2にLiCの安全性試験結果のまとめを示す。

表6.2 LiCの安全性試験結果

試験項目	判定基準	結果概要	判定
釘刺し	破裂・発火なきこと	最高温度：51.5℃	○
外部短絡		最大電流：572 A 最高温度：127.3℃	○
過充電		最大電圧：4.885 V 最高温度：29.0℃	○
加熱		150℃到達より 2分25秒後開口	○

このように，LiCはEDLCと同等に安全性の高い蓄電デバイスといえる。

6.1.6 LiCに期待される用途

以上述べたように，LiCはEDLCのもつ高出力，長寿命，高い安全性とLIBのもつ高電圧，高エネルギー密度の特徴を併せもっている。したがって，これらLIBやEDLCの蓄電デバイスの長所を活かし，短所を補完するような使われ方が期待できる。以下にその特徴を活かしたおもな用途を紹介する。

〔1〕 **再生可能エネルギー関連用途** 近年，環境問題，特にCO_2削減の

観点からエネルギーの有効利用，省エネが推進されている。このような状況の中で，独立分散型電源，特に太陽電池と組み合わせた蓄電デバイスの必要性が注目されている。この蓄電デバイスには太陽電池との相性の良さ，長寿命などの特徴からキャパシタが検討されているが，LiC は通常の EDLC と比較してエネルギー密度の高さ，優れた自己放電特性により，このような用途に最適とされ，LED 照明と組み合わせた街路灯などの照明灯が実現している。

図 6.16 は，LiC と太陽電池を組み合わせた独立電源システムの外観とシステム概念である。LiC は，EDLC と比べて高エネルギー密度であるだけでなく，自己放電が小さいので発電システムの蓄電源として適している。図 6.16 の独立電源システムでは，174 W 出力の太陽電池パネルと 80 W·h のエネルギーを蓄積できる LiC を組み合わせて 12 W 出力の LED を点灯させるが，点灯できなかった日は 2008 年の 1 年間で一日もなかったとのことである（点灯時間が不足した日は 15 日）。これは，発電される電力が微弱な曇りや雨の日でもキャパシタが蓄電できるためである。

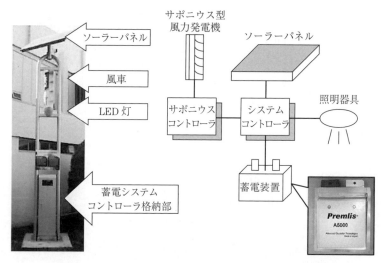

図 6.16　LiC を用いた太陽電池・LED 照明システム，ならびに使われた LiC（大きさ：136×122×22 mm）の外観〔提供：アドバンスト・キャパシタ・テクノロジーズ株式会社〕

6.1 リチウムイオンキャパシタ　*141*

　図 6.17 はこのシステムでの晴天と曇天時の実験結果を示している。図 6.18 は独立した電源システムの実際例で，2011 年に起きた東日本大震災での復興

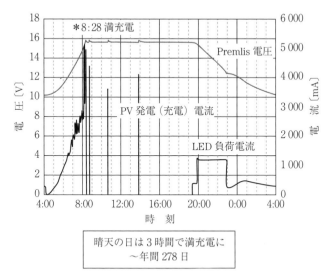

（a）　2008 年 3 月 15 日の結果

晴天の日は 3 時間で満充電に
〜年間 278 日

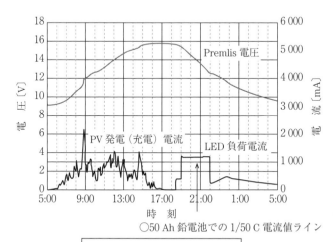

○50 Ah 鉛電池での 1/50 C 電流値ライン

日照 0 の曇天でも満充電になる
〜年間 40 日

（b）　2008 年 8 月 26 日の結果

図 6.17　ソーラー照明灯での実験結果

6. キャパシタの進化

図6.18　LiCを使用したソーラー照明灯の実際例

に大きく役立っていた。

　また，太陽光発電からの系統への取込みの際の周波数変動，電圧変動などの課題を解消するため，LiCを組み入れたPCSが早稲田大学などにより開発された。自然発電エネルギーをいったんLiCに取り込み，変動域を低減して系統に流すよう設計され，再生可能エネルギーを有効利用することが検討されている[3]。

〔2〕**エネルギー回生用途**　エネルギー回生も省エネ実現の重要な技術であり，エレベータやクレーンなどの下降時のエネルギーを回生し，LiCに蓄電し再利用するシステムが開発/実用化されている。工場クレーンへの適用では約30%の省エネ効果があるとの実証もされている。

〔3〕**移動体関連用途**　移動体用途は産業用と自動車関連に分かれる。工場用無人搬送車（AGV）には急速充電が可能なLiCを電源とし，非接触充電システムとの組合せによりシステム効率が向上し，トータルコストを低減できるなどのメリットが大きく，すでにLiC搭載のAGVが国内および海外で実用化されている。これまで蓄電源として使われていた鉛蓄電池をキャパシタに置き換えることで，急速充電による24時間の連続稼働が可能となった。さらには充電のための電池の載せ替え作業や寿命による電池の交換が不要となり，維持コストが抑制される。

建物の天井にレールを設置し，走行ユニットがレールを行き来する AGV（天井搬送システム）は倉庫や工場だけでなく病院や図書館用としても需要があり，LiC を利用したタイプが実用化されている（**図 6.19**）。キャパシタを搭載した走行ユニットはキャパシタからの給電により自走するので，ライン全体を駆動させるような電力の無駄がなく，待機電力の消費もない。充電は走行ユニットが搬送物の移し替え時などの停止中に素早く行われる。運搬の効率化と省エネがキャパシタにより両立されている。

図 6.19 リチウムキャパシタを用いた天井搬送システム「スマートホーク」の外観〔提供：JM エナジー株式会社〕

また，自動車用途には HEV，PHV，EV システムなどのブレーキ回生，アイドリングストップなどの機能により頻繁な高出力充放電がバッテリー（蓄電デバイス）に要求され，高出力充放電に優れた長いサイクル寿命をもち，かつエネルギー密度の高いキャパシタである LiC への期待がうかがえ，中国では路線バスに LiC 搭載のキャパシタバスやハイブリッドバスが検討 / 実用化されている。

さらに最近では，走行中ワイヤレス電力伝送や Wireless In-Wheel Motor システムに LiC を検討する研究も始まっている。

In-Wheel Motor ドライブシステムは，ホイールそれぞれにモータを配置するため長いドライブシャフトが不要となりエネルギー伝達ロスを減少できるばかりでなく，ディファレンシャルギアなどの機械構造部品が激減できるなど簡便

な機構で，駆動系全体で 30 ～ 40％の重量減が期待できる。さらに，運転のしやすさ，運転安全性の向上などが見込まれ，自動車構造の大きな革命ともいわれている。しかし，一方では In-Wheel Motor においては車体-ホイール間に電力線が伸びており，これが車両走行時の連続的摺動などの要因で断線してしまうという電力線の耐久性問題などから，現在も実用化されていないのが現状である。

東京大学の堀・藤本研究室では，このシステムに対してワイヤレス電力伝送を適用した Wireless In-Wheel Motor システム（試作 1 号機，LiC 非搭載）を開発しており，車体とホイール間の電力線を不要にして上記弱点を解消し，電力伝送の効率向上をも図っている。図 6.20 に実験車両の写真を示す。ここでも LiC の応用が検討されている。ホイール側に LiC と DC/DC コンバータを搭載することにより，回生ブレーキによるエネルギーを効率良く LiC に吸収できるばかりでなく，路面側に敷設された送電設備からの走行中ワイヤレス電力伝送によってモータを直接駆動できるシステム（試作 2 号機）を検討中である。図 6.21，図 6.22 に検討中の回路図と概略構造図を示す。さらに，最近では LiC に蓄電された回生エネルギーでモータを駆動させるといった効率的なシステムの動作を自動的に達成する LiC の SOC 制御に関する基礎研究が完了し[4]，システムの安定した動作が可能であることを示すなど，実用化に向けた大きな希望があるといえよう。

図 6.20　Wireless In-Wheel Motor 1 号機を搭載した実験車両
〔提供：東京大学　堀・藤本研究室〕

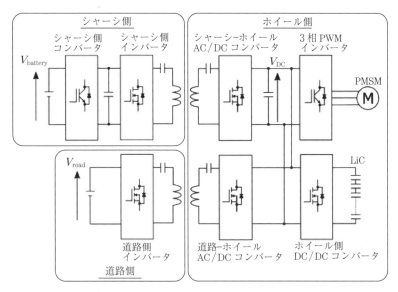

図 6.21 検討中の LiC を使用した Wireless In-Wheel Motor 2 号機の回路図〔提供：東京大学 堀・藤本研究室〕

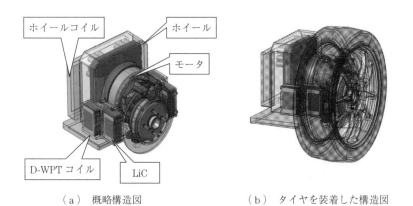

（a）概略構造図　　　（b）タイヤを装着した構造図

図 6.22 検討中の LiC を使用した Wireless In-Wheel Motor 2 号機
〔提供：東京大学 堀・藤本研究室〕

また，このシステムが完成されれば，自動車専用道路などでの運用を検討されている路面からの走行中ワイヤレス電力伝送により，EV の航続距離を伸ばせるというメリットが考えられる。将来，一部の道路が走行中ワイヤレス電力

伝送対応となれば，従来の EV では大容量が必須とされていた駆動用バッテリーが大幅に削減される可能性も秘めている。

〔4〕**医療関連用途**　病院内でのキャパシタの役割は運搬だけではない。医療の現場でも役立っている。図 6.23 は LiC を搭載した X 線撮影用デジタルカセッテの外観である。カセッテとは本来 X 線撮影に使われる感光フィルムを格納する容器のことであるが，このデジタルカセッテでは，照射された X 線を内蔵されたイメージングプレートと呼ばれるセンサで受光し，電子化した画像データをワイヤレスでパソコンなどに送信することができる。LiC を電源に用いているので，わずか 3 分の充電で数十枚の撮影が可能である。さらには，キャパシタが充放電によって劣化しないため，蓄電源の交換が不要の一体構造となっており，軽量なだけでなく製品強度も高めているのが特徴である。

図 6.23　LiC を搭載した X 線撮影用デジタルカセッテの外観〔提供：JM エナジー株式会社〕

〔5〕**その他の応用例**　つぎは比較的身近な応用例を紹介する。会議などに使われるレーザポインタにもキャパシタを利用した製品がある。図 6.24 にその外観と使用されている LiC を示す。従来のレーザポインタの電源には一次電池が使われているが，大きな電力を使うのでしばしば会議中に電池切れになってしまう（筆者も困ったことが何度もある）。この LiC 搭載レーザポインタは USB を経由して 1 分で充電でき，30 分間の連続照射が可能である。キャパシタの性質をうまく利用したアイディア製品といえよう。

また，コイン形 LiC は当初は 3 V 系回路の特に旧来の携帯電話の RTC（リ

図 6.24 LiC を搭載したレーザポインタ（上）〔提供：ビクターアドバンストメディア株式会社〕と使われている LiC（下）〔提供：太陽誘電株式会社〕

アルタイムクロック）のバックアップ用途がおもな用途であった。しかし，コイン形という形状の使いやすさ，作りやすさから，家庭などでの身近なものへの応用が期待できる。例えば，その自己放電特性の良さから，エネルギーハーベスティングでの微小電流充電に優れた蓄電デバイスとして，各種小型センサ，防犯用機器，各種リモコンなどの電源として使用される可能性があり，IoT 分野での応用や各種小型機器の長寿命キャパシタ使用による電池レス化に伴う電源廃棄物が少なくできるなど，クリーン化と資源有効活用への期待も大きい。

このように，LiC はその特長を活かし，再生可能エネルギー，エネルギー回生などのエネルギー有効活用，また移動体への応用による効率化，環境負荷低減に大きく寄与することが期待されている。しかし，現状では特殊電極基材（多孔箔）を使用するためコスト面での課題，EDLC に比べて内部抵抗，低温特性に課題がある。

今後は，電極基材の製法開発によるコスト低減が進むものと期待され，また特性面でも，電極組成，電極製造方式，電解液開発などによる内部抵抗低減，低温特性改善の開発が活発化されて，自動車を中心とした移動体ならびに鉄道分野への応用など，さらなる拡大が進んでいくものと確信している。

6.2 ナノハイブリッドキャパシタ

　ハイブリッドキャパシタの概念は，すでに Amatucci らにより 2001 年に報告されている[14]。しかし，初期のハイブリッドキャパシタはパワー密度が低く，実用化には至らなかった。その理由としては，ハイブリッドキャパシタに用いる電極活物質がリチウムインターカレーション反応を利用した LIB 用電極材料を採用している点にあった。つまり，電極活物質として LIB 用電極材料は，エネルギー密度では活性炭を超える利点があるが，電気伝導性（$< 10^{-13}$ S/cm）[23]・イオン拡散性（$< 10^{-11}$ cm^2/s）[22]は低く，粒子径が μm オーダレベルではパワー密度に難点があったからである。これを克服し，キャパシタ用電極材料として使用するには，電極活物質のナノサイズ化と電気伝導性材料との複合化を同時に達成する必要がある。

　また，キャパシタ用電極として使用するためには，何十万回の充放電を安全に繰り返す必要がある。したがって，電解液や活性炭表面の官能基の分解によりガス発生を引き起こす電位範囲にも注意しなければならない。具体的には，正極側ではリチウムに対する電位が 4.5 V 以上，負極では 1.5 V 以下の領域での充放電を避ける組合せが有効と考えられる。そこで筆者らは負極活物質としてスピネル型チタン酸リチウム（$Li_4Ti_5O_{12}$；LTO）に着目した。

　LTO の反応電位は電解液が分解する領域外の 1.55 V *vs.* Li/Li$^+$ である。さらに充放電におけるリチウムイオンの出入りに対し，体積膨張率が 0.2% と小さく，スピネル構造と岩塩構造の間でリチウムイオンが挿入するサイトが 3 次元で存在することも利点となる[17~21]。

　また，理論容量は 175 mA・h/g と活性炭の約 4 倍であるため，エネルギー密度向上の可能性が期待できる。そこで筆者ら東京農工大学直井研究室と当研究室発ベンチャー「有限会社ケー・アンド・ダブル」は，超遠心力場におけるゾルゲル反応を独自に開発した。ナノレベルに粒子化した電極材料と導電性カーボンを，複雑な工程を踏むことなく高分散に複合化することを可能にする

6.2 ナノハイブリッドキャパシタ　　149

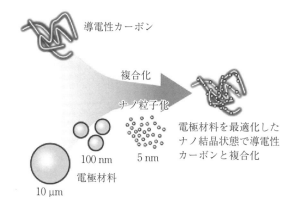

図 6.25　超遠心ナノハイブリッド技術

技術「超遠心ナノハイブリッド技術」である（図 6.25）。

導電性カーボンとして電気伝導性に優れるカーボンナノファイバ（CNF）を選択し，超遠心ナノハイブリッド技術によって複合化を試みた結果，ナノ結晶 LTO を CNF 上に高分散担持した LTO/CNF 複合体（図 6.26）の作製に成功し，キャパシタ級の高出力・高安定性・高容量をもたせることを可能とした[15, 16]。

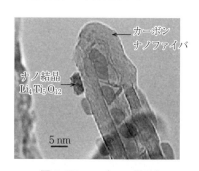

図 6.26　LTO/CNF 複合体

LTO 重量含有率が 70% である LTO/CNF 複合体をハイブリッドキャパシタ負極材料として評価した結果，300 C（＝12 秒）の充放電において約 100 mA·h/g の容量が得られた。これは活性炭の 2.5 倍以上の容量であり，本複合体はハイブリッドキャパシタ用負極電極として世界的なベンチマークとなっている[24, 25]。

ティータイム

活性炭

活性炭（activated carbon）は多孔質な炭素材料であり，吸着材・脱色材として古くから利用されているが，EDLC の電極構成部材としてもきわめて重要である。

○活性炭の細孔と表面積

細孔は，IUPAC（国際純正・応用化学連合）の定義により，細孔径の小さい順にミクロ孔（micropore，2 nm 以下）・メソ孔（mesopore，2 nm 以上 50 nm 以下）・マクロ孔（macropore，50 nm 以上）と分類されている（表）。活性炭はミクロ孔が非常に発達しているため，1 g 当りの表面積が $1\,000\,m^2$ 以上にもなる。細孔が発達していない炭素，例えば黒鉛粉末の表面積は 1 g 当りでせいぜい $10\,m^2$ 程度であるので，いかに活性炭が高表面積かがわかると思う。

表 細孔の分類

細孔の種類	細孔径（幅）
ミクロ孔	$< 2\,nm$
メソ孔	$2 \sim 50\,nm$
マクロ孔	$> 50\,nm$

○活性炭の製造方法と細孔構造

それでは活性炭はどのように製造されているのであろうか。例えば，原料となる炭素を水蒸気あるいは二酸化炭素と 800〜900℃ 程度の高温で反応させることにより活性炭は工業的に製造されている。活性炭の原料炭素には，天然素材としては木炭やヤシ殻炭，化学品由来のものとしてはフェノール樹脂炭，ピッチ炭，コークスがよく使われる。原料炭素が水蒸気や二酸化炭素と反応して活性炭になる過程は，賦活（activation）あるいは活性化と呼ばれる。賦活を反応式で示せば

水蒸気の場合：

$$C + H_2O \rightarrow CO + H_2$$

あるいは

$$C + 2H_2O \rightarrow CO_2 + 2H_2$$

二酸化炭素の場合：

$$C + CO_2 \rightarrow 2CO$$

となる．これらの反応によって，炭素は CO，CO_2，H_2 になって消失する．原料炭素にはこれらの反応が生じやすい箇所とそうでない箇所がナノメータのサイズで分布しているので，虫食いのようにナノメータサイズの細孔が形成される．こういった賦活反応によって製造される多孔質炭素だけが，厳密には活性炭と呼ばれる．なお，活性炭の細孔構造は複雑で現在でもその姿を正確に捉えることは困難であり，活性炭の構造モデルが複数提唱されている．代表的なモデルを図1に示す．活性炭のミクロ孔は歪んだスリット状だといわれており，高性能な透過型電子顕微鏡で観察すると，ミクロ孔は均一な構造をしていないことがわかる（図2）．

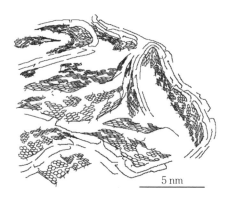

図1　活性炭の構造モデル〔東北大学・京谷隆教授の厚意により掲載〕

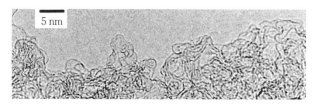

図2　活性炭の透過型電子顕微鏡像〔キャパシタフォーラムホームページ，http://capacitors-forum.org/jp/〕

6. キャパシタの進化

本複合体を負極に，活性炭を正極としてキャパシタセルを構築し，性能評価したところ，0.1～1 kW/Lの低出力密度においてエネルギー密度 40 W・h/Lを達成した。これは両極に活性炭を用いた非水系 EDLC のエネルギー密度の約3倍に相当する。さらに 6 kW/L の高出力密度領域においてもエネルギー密度 20 W・h/L を維持しており，同じ出力領域における EDLC の 1.5～2倍に相当する（図 6.27）。

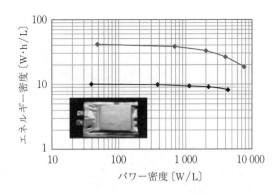

図 6.27　ナノハイブリッドキャパシタ（LTO/CNF(50 μm) 1M LiBF$_4$/PC/AC(100 μm)）と従来の EDLC（AC(100 μm)/1M TEMABF$_4$/PC/AC(100 μm)）の比較〔出典：日本ケミコン株式会社〕

さらに LTO は，① リチウムイオンプレドープの必要がない，② 反応電位が低すぎず，金属リチウムの析出がない，③ 内部抵抗がきわめて低い，④ 低温特性が良いなど，LiC と比較して利点が多い（表 6.3）。筆者らはこの［LTO/CNF 複合体］/活性炭キャパシタをナノハイブリッドキャパシタ（NHC：nano hybrid capacitor）と名づけ，日本ケミコン株式会社と共同開発した[12]。

本キャパシタは 2012 年春より日本ケミコン株式会社よりサンプル供給開始されている。従来の EDLC（1 200 F）と同容積で約3倍の高エネルギー密度タイプ（3 000 F）と，出力密度を維持したままエネルギー密度を約2倍にした高出力タイプ（2 100 F）の2品種としており，大きな注目を集めている（表 6.4）。

さらに 2010 年には LTO と複合化する導電性カーボンとして，単層カーボン

表6.3 LiC と NHC との比較

	LiC	NHC
正電極	活性炭	活性炭，カーボンナノチューブ
負電極	黒鉛，ハードカーボンなど	nc-$Li_4Ti_5O_{12}$/CB，カーボンナノファイバ，カーボンナノチューブ
リチウムプレドーピング	必要	必要なし
電解液	Li塩/EC，PC	Li塩/PC，DMC，AN，IL
内部抵抗	EDLCよりもやや高い	EDLCと同程度
集電体	Al多孔体（正），Cu多孔体（負）	Al（正，負とも）
使用下限温度	-30℃	-40℃

（注） CB：カーボンブラック，EC：エチレンカーボネート，PC：プロピレンカーボネート，DMC：ジメチルカーボネート，AN：アセトニトリル，IL：イオン性液体

表6.4 従来のEDLCとNHCとの比較

	従来のEDLC	NHC	
		高エネルギー密度タイプ	高出力タイプ
容積	$40\phi \times 150$ L	$40\phi \times 150$ L	$40\phi \times 150$ L
動作電圧〔V〕	0〜2.5	1.4〜2.8	1.4〜2.8
静電容量〔F〕	1 200	3 000	2 100
内部抵抗〔mΩ〕	2.0	3.1	2.2
エネルギー密度〔W·h/L〕	4.1	13.0	9.1
パワー密度〔kW/L〕	4.1	3.4	4.7

ナノチューブ（single-walled CNT，SWCNT）に着目した。（独）産業技術総合研究所により開発されたスーパーグロース法で合成された単層カーボンナノチューブ「SG-SWCNT」（**図6.28**）は，**表6.5**に示すように，従来の他の方法で合成された単層カーボンナノチューブと比べて比表面積が大きく，高い電気伝導性がある。現段階では量産化・コストに課題があるものの，理想的な炭素基材である。

超遠心ナノハイブリッド技術を用いてSG-SWCNTとLTOを複合化したとこ

154　6. キャパシタの進化

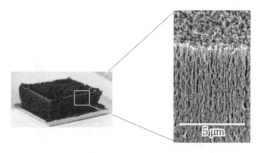

図 6.28　SG-SWCNT

表 6.5　SG-SWCNT と従来の SWCNT との比較

特　性	SG-SWCNT	従来の SWCNT
比表面積	1 000 m^2/g 以上（未開口） 1 600〜2 000 m^2/g（開口）	600 m^2/g 以下
電気伝導性		
長　さ	数百 μm 以上（構造体の高さより推察）	数〜数十 μm
炭素純度	99.9%	95% 以下
配　向	あり	なし
構造体	重量密度：0.037 g/cm^3 面積密度：5.2×10^{11} 本/cm^2 チューブ間距離：15 nm	なし
直　径	2〜3 nm（平均 2.5〜2.8 nm）	1〜2 nm 以下

出典：（独）産業技術総合研究センター　ナノチューブ応用研究センター

ろ，LTO 重量含有率 80〜90% でも LTO 粒子のナノサイズを維持した LTO/SG-SWCNT 複合体負極の作製に成功した。

　LTO/CNF 複合体では LTO 含有率が高くなるとどうしても発現容量が低下していたが，SG-SWCNT を複合体に使うことでそれが抑制されるようになり，300 C（12 秒）で約 120 mA·h/g の発現容量を，さらに 1 200 C（3 秒）という超高速充放電においても 90 mA·h/g の発現容量を示した[26]）。

　この結果が示唆するのは，超遠心ナノハイブリッド技術により作製する複合体の性能は，ナノサイズ化された電極活物質の特性だけでなく，担持担体となるナノカーボン材料の基本物性も大きく影響するということである。すなわ

ち，SG-SWCNT のような高比表面積・高電気伝導性があり，かつカーボンナノチューブに特有のチューブの絡み合い（エンタングルメント）が LTO ナノ粒子の凝集を抑制し，さらにチューブ間の三次元ネットワークが電解液の供給に効果的に働いていることにより，このような高性能複合体負極特性を示したと考えられる。

6.3　第三世代キャパシタの展開

　これまでに第一世代キャパシタといえる EDLC から進化した第二世代のハイブリッドキャパシタである LiC，また，負極に LTO/CNF 複合体を用いた NHC について紹介した。しかるにキャパシタに対するエネルギー密度向上の市場要求はさらに高く，エネルギー密度が $70\,W\cdot h/L$ を超えることが可能になれば一部の用途においてリチウムイオン電池やニッケル水素電池の代替にもなりえる。その実現のため，筆者らは正・負極についてファラデー反応を利用した材料を複合体電極とし，それを徹底的に高出力化した第三世代キャパシタ「スーパーレドックスキャパシタ」の開発に取り組み始めた（図 6.29）。

　正極材料としてはポリアニオン系オリビン型リン酸鉄リチウム（$LiFePO_4$；LFP）やその類似物を用いている。LFP は，理論容量が $170\,mA\cdot h/g$ と活性炭

負極　　　　正極
活性炭　　　活性炭

（a）第一世代
　　　（EDLC）

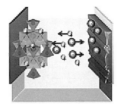
負極　　　　正極
LTO　　　　活性炭
炭素材料

（b）第二世代
　　　（LiC，NHC）

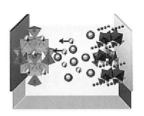
負極　　　　正極
LTO　　　　LFP

（c）第三世代（スーパーレドックスキャパシタ）

図 6.29　キャパシタの世代

の約4倍以上あり，反応電位も3.4Vと高出力時の過電圧を考慮しても電解液の酸化分解領域まで十分なマージンがある．さらに，充放電による体積変化が約7%と比較的小さく，高い熱安定性もある．短所は，LTOと同様に電気伝導度の低さ（〜10^{-9} S/cm）とリチウムイオン拡散係数の小ささ（10^{-8} cm/s）であり，高出力特性が要求されるキャパシタ用電極材料として使用するには，大幅な高出力化・高性能化が必要となる．

筆者らはLFPに対しカーボンナノファイバやケッチェンブラックなどを用いて超遠心ナノハイブリッド技術を適用し，複合体を作製した．得られた複合体は，LFPの平均粒子径50nm程度，かつ高結晶なナノ粒子がCNF上に高分散していることがTEM観察より確かめられた．

本複合体の充放電特性は300Cにおいて約110mA·h/gに達し，十分にキャパシタ用正極複合体電極として使用可能である．そこで，LFP/CNF複合体を正極，LTO/CNF複合体を負極に用いて第三世代キャパシタを試作し，そのデバイス特性を調べてみたところ，0.1〜1kW/Lのパワー密度領域では，第一世代キャパシタであるEDLCの約7倍のエネルギー密度を有することがわかった（図6.30）．

課題としてサイクル特性・温度特性などの改良の必要があり，また，総合的なセル設計などさらなる研究が必要であるが，エネルギー密度7倍以上の大容量キャパシタが近い将来，実用化レベルに到達すると期待されている．

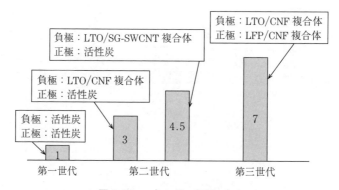

図6.30　エネルギー密度の向上

◆ティータイム

活性炭電極の細孔構造と容量

　基本的には，電気二重層容量は活性炭電極の表面積が大きいほど大きくなる傾向にある。ただ，EDLC に使われる活性炭電極のミクロ孔と電解液のイオンの大きさはともにおおよそ 1 nm であるので，細孔にイオンが入る・入らないといった問題が生じる。そのため，EDLC に適した活性炭の細孔の構造がこれまでに非常に多く検討されてきた。図に，ミクロ孔からおもに構成される通常の活性炭電極と，ミクロ孔だけでなくメソ孔も発達している活性炭電極（メソ孔活性炭）の容量特性を示す。縦軸は活性炭 1 g 当りの容量であり，横軸は放電時の電流の大きさ（電流密度）を示している。電流が大きくなることは放電スピードが速くなることを示す。メソ孔が発達している（メソ孔の容積が大きい）と充放電のスピードが増しても容量が低下しない。これは，メソ孔内では電解質イオンの吸脱着が速やかに行われるためと説明される。このように，細孔構造を改善することで EDLC の容量を向上できる。ただし，実際のキャパシタではデバイスが軽いだけでなくコンパクトであることも求められるため，単に細孔を大きくしただけでは根本的な解決には至らない。サイズの大きい細孔が発達すると活性炭電極の密度が下がり，かさばったキャパシタになってしまうからである。そのため，最近では，賦活とは別の手法で細孔を発達させた多孔質炭素やナノカーボンといった活性炭以外の電極材料にも注目が集まっている。

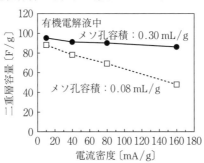

図　通常の活性炭電極とメソ孔が発達した活性炭電極の電気二重層容量の電流密度依存性[28]。これらの活性炭の細孔比表面積は両者とも約 1 000 m^2/g である

◆ティータイム◆

活性炭電極の三次元構造と耐久性

　製品に使われているキャパシタ用の活性炭電極は活性炭粒子と導電補助剤であるカーボンブラックならびに粒子どうしを固定するための高分子バインダから構成されている（**図1（a）**）。電子顕微鏡で観察すると，活性炭粒子にバインダのナノ繊維が絡まっている様子がわかる（**図2**）。このような構造の電極は活性炭粒子どうしが電気的に確実に接続されて内部抵抗が下がるだけでなく，柔軟性があるためロールプレスによってシート化できるメリットがある。しかし，キャパシタを高い充電状態で長期間に保持するなどの過酷な条件に曝すとバインダが劣化したり，分解生成物が析出することで活性炭粒子やカーボンブラック粒子どうしの接触抵抗が増加しやすいといった欠点があった。そこで，このような欠点を解消するために活性炭粒子の接触界面をなくした電極構造が提案されている（図1（b））。**図3**に示すシームレスな構造の活性炭電極をEDLCに用いると，優れた高電圧充電耐性が達成できることが明らかにされている。このようにキャパシタ用活性炭電極は，細孔構造だけでなく多角的な視点から研究開発を進める必要がある。

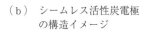

（a）従来のEDLC用活性炭コンポジット電極の構造　　（b）シームレス活性炭電極の構造イメージ

図1　活性炭電極の構造

図2　従来のEDLC用活性炭コンポジット電極の走査型電子顕微鏡像[29]　　**図3**　シームレス活性炭電極の走査型電子顕微鏡像[30]

6.4 キャパシタの進化によるエネルギー事情の改善

　本章では，2000年代後半以降の電気化学キャパシタの研究・技術開発状況および動向について紹介してきた。本章では取り上げることができなかったが，イオン液体やバインダ，集電体など，キャパシタ構成材料も著しく進化している。

　キャパシタの技術進展としては，エネルギー密度向上が目下のところ注目されており，LiCやNHCなど，さまざまな新しいトピックスが関心を集めている。しかし，EDLCについても，電池やハイブリッドキャパシタでは達成困難な，きわめて高い信頼性・寿命・パワー密度があり，その特徴を活かした用途への拡張はさらに進展すると予想される。

　一方，蓄電デバイスについては，昨今の電力事情によりエネルギー貯蔵デバイス，特に電力貯蔵製品は社会的に認知されつつあり，定置用の停電対策用バッテリー製品が発売されるなど，家電製品に近づきつつある。その意味でLIBやキャパシタがキーデバイスとなることは必須である。現状のキャパシタは二次電池の補助的役割として認識されているが，大容量キャパシタの実用化が達成されれば，定置用途においても一部はLIBの代替として使用可能と考えられる。

　また，電気自動車（EV）搭載用蓄電デバイスとしては，最近海外でEV搭載のLIBの発火事件やボーイング機搭載のLIBの事故などが相次いで生じている。原因についてはLIB自体ではなく，回路上の問題などもあり，詳細は不明な点があるが，LIBのEVへの搭載について，その本質的な安全性が疑問視されている[27]。問題点の一つとして，LIBの充放電深度（SOC）により発火の度合いが異なり，SOCが大きいほどその被害が甚大であることが報告されている。このことは安全性を優先すればSOCを低く設定しなければならず，LIBの優位点である高エネルギー密度を活かせないことを意味する。大容量のエネルギー密度を有するキャパシタが登場すれば，都市部で使用するコミュー

タや通勤など短距離用 EV への蓄電デバイスとしては，安全性の面で利点を有するキャパシタを主とし，LIB を補足的に使用することが現実的に起こりえる。

上記の観点から考えると，キャパシタは今後のエネルギー事情を大きく改善することが可能な蓄電デバイスである。さらに，LIB とともに日本が主導的役割を担うことで，国内の電気・電子機器メーカの国際競争力を高め，新しいエネルギー政策の実現に貢献し，国内の経済活動および国民生活の安定的向上を実現するものと期待している。

◆ティータイム◆

ナノカーボン（ナノチューブ，フラーレン，グラフェンなど）

ナノカーボンは近年特に注目されているカーボン材料である。厳密な定義はないが，寸法がナノメートル（$= 10^{-9}$ m）に近いもの，ならびにナノメータレベルで構造制御されているものの2種類に大別される。一般的には前者がナノカーボンとして認識されていることが多く，フラーレン，カーボンナノチューブ（CNT），グラフェン，カーボンナノファイバ（CNF）などがそれにあたる（**図1**）。フラーレンは1995年のノーベル化学賞，グラフェンは2014年のノーベル物理学賞の対象物質である。

これらのナノカーボンはその発見以来，キャパシタや LIB などの蓄電分野で盛んに研究されている。特に CNT，グラフェンは大きな比表面積と高い電子導電性のために優れたエネルギー密度と出力密度をもつ

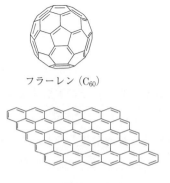

フラーレン（C_{60}）

グラフェン

単層カーボンナノチューブ

図1 さまざまなナノカーボン

キャパシタの電極材として注目されている。なお，CNFは繊維径がナノサイズの炭素繊維の総称であり，CNTはCNFの一種といえる。例えば，気相成長炭素繊維（VGCF：vapor grown canon fiber，**図2**）と呼ばれるCNFは，キャパシタやLIBの導電補助剤としても利用されている。また，キャパシタや電池の導電補助剤として古くから使われているカーボンブラックは，カーボンナノ粒子の一種である（**図3**）。このように，ナノカーボンは古くて新しい材料ともいえよう。

図2 気相成長炭素繊維の走査型電子顕微鏡写真

図3 カーボンブラックの走査型電子顕微鏡写真

7 キャパシタが支える 21世紀の社会

　本書の編者の一人の堀の専門はキャパシタそのものではなく，パワーエレクトロニクス，制御工学，電気自動車などであり，「電気自動車のモーションコントロール」の実験を行うために，一味違ったいくつかの電気自動車を作ってきた。一方，電気学会産業応用部門長や自動車技術会技術会議議長などを務め，経産省自動車課の「EH/PHV ロードマップ」（2016.3）の作成などの行政にも関わった。自動車技術会内に電気動力に関する技術部門委員会を五つばかり設立し，EVTeC[†1]という電気自動車の国際会議を2011年に立ち上げ2016年までに3回開催し，2018年にはその4回目を，EVS31[†2]という大きな国際会議の技術セッション部分とした。
　このような電気自動車の制御に関する研究といくつかの経験を通じて，「100年後のクルマ」について考えるようになり，近年ではその具体的な形として，「モータ」「キャパシタ」「ワイヤレス」というパラダイム[9]の提唱を行っている。そこでは「キャパシタ」が大きな役割を果たすので，この章のタイトルで

[†1] EVTeC（International Electric Vehicle Technology Conference）は，JSAE（自動車技術会）が主催する電気自動車技術に関する国際会議で，2011年，2014年，2016年の3回，自動車技術会春季大会に合わせて横浜で開催した。EVTeC 2018 は EVS31 の技術セッションとして共催することになっている。

[†2] EVS（Electric Vehicle Symposium & Exhibition，和名：国際電気自動車シンポジウム＆展示会）は，EV，HEV，FCV など電動車両関連分野における世界最大のシンポジウム＆展示会である。アメリカ，欧州，アジア太平洋の3地域で交互に1〜2年ごとに開催され，日本では，JARI（日本自動車研究所）が主要メンバーとして活動している。1969年に第1回を米国フェニックスで開催，1996年日本初の EVS13 を大阪で開催，2006年には EVS22 を横浜で開催した。2018年の EVS 31 は日本では12年ぶり3回目の開催となる。

ある「キャパシタが支える21世紀の社会」の一環として紹介したい。

7.1 ガソリンと電気

100年後のクルマは「モータ」「キャパシタ」「ワイヤレス」で走っているだろう。まず、エンジンが徐々に電気モータに置き換わり、100年も経てば、ほとんどのクルマは電気モータで走っているといっても、そう異論はないと思われる。

しかし、電気自動車へのエネルギーの供給方法は大問題である。ガソリンと電気はエネルギーの形がまったく違うのに、なぜ、電気自動車が「止まって」「短時間で」「大きな」エネルギーを入れようとするのか。不思議で仕方がない。ガソリンを町中に噴霧し、クルマがそれを吸い込んで走るなどということはまず無理だが、電気は実質同じことができる。よく考えてみれば、クルマにどうやってエネルギーを供給するかということと、どう使うかということは何の関係もないはずである。しかし、電池を使う限り両者は強くリンクされ、電池の性能が「航続距離」を決めてしまう。これはおかしなことである[2]。

電池電気自動車の航続距離が不十分であることは皆知っているから、短い航続距離で我慢しようとか、急速充電や高性能電池がキー技術だと誰もが言っているが、本当にそうだろうか。リチウムイオン電池自動車は重要なつなぎの技術であるが、長期的には消えるクルマであると考えている。

7.2 モータ / キャパシタ / ワイヤレス

じつは、航続距離を伸ばすことや、急速充電などとはまったく異なるもう一つの道がある。それは電車のように、電気自動車に電力インフラから直接エネルギーを供給するという方法である。そうすれば、一充電「航続距離」は意味を失う。以下に説明するが、キャパシタへの「ちょこちょこ充電」と、比較的小電力の「だらだら給電」によって、クルマは大きなエネルギーを持ち運ば

ず，電池電気自動車とはまったく違った未来のクルマ社会を描くことができる。そこでは，クルマを電力系統につなぐための最後の数mを担う「ワイヤレス給電」が重要な技術になる。

　未来のクルマが電気で動き電力インフラにつながるとすれば，航続距離とは1回の充電で走れる距離ではなく，「インフラから離れても安心できる距離」程度の意味しかもたなくなり，都市部ではいつも給電されている「電車のようなクルマ」が普通になるだろう。そこでは「電池からキャパシタへ」の移行と「ワイヤレス給電」が実現され，人々は充電という作業から解放される。同時に，電気モータの優れた制御性を活かした「モーション制御」が当たり前になるだろう。

　それぞれの項目について，もう少し詳しく述べてみよう。

7.2.1　モータ　―モーション制御―

　電気自動車の特長は電気モータの特長そのものである。すなわち，① トルク応答がエンジンの2桁速い，② モータは分散配置できる，③ 発生トルクが正確に把握できる，という3点である[1]。微小なタイヤの空転に対してmsオーダでトルクを垂下させる粘着制御によってタイヤはすべりにくくなり，同じ性能でよければ，幅の狭い固いタイヤを使って燃費は一気に数倍になる。

　モータの優れた制御性を活かした「電気自動車のモーション制御」によってクルマの使うエネルギーは激減し，大量の電池を積む必要性はさらに小さくなる。インホイールモータを使ったアクティブサスペンション，ヨー，ピッチ，ロールなどの姿勢制御が当たり前の技術になり，クルマの安全性や乗り心地は大きく向上するだろう。

7.2.2　キャパシタ　―ちょこちょこ充電―

　走っている途中でちょこちょこ充電することができれば，500 km走るための高性能電池は不要である。高価な電池をたくさん積むのは，従来のガソリン車と同じ「航続距離」を実現しようとするためである。電気は起こしたらすぐ

使うのがベストであって，ためて使うのは賢くない。だから，先人たちは長距離高電圧送電網を築いてきたのである。

ただクルマは電車にはない自由をもたなくてはならないから，数〜数十 km を走るエネルギーは自前でもつ必要がある。電力を頻繁に出し入れするには，寿命の短い化学電池ではなく，数百万回の充放電に耐えられる物理電池「スーパーキャパシタ」を，必要量だけ用いるのがよい。例えば，筆者の研究室で開発したキャパシタ電気自動車 C-COMS（図 7.1）は 30 秒ほどの充電で 20 分以上走る。

図 7.1 キャパシタで駆動される C-COMS

上海ではキャパシタだけで走る路線バスが安定に営業している。上海万博では約 60 台のリチウムイオン電池バスと約 30 台のキャパシタバスを運行した。リチウムイオン電池バスは，巨大な電池交換ステーションが必要で，日常的な実用性は疑問であることを実証した。キャパシタバスは，バス停での 30 秒〜1 分ほどの充電で永久に走り続ける[3]。

日本ケミコン製キャパシタを使った量産ハイブリッド車として，アテンザ，アクセラ（マツダ），フィット（ホンダ）が登場し，回生エネルギーの吸収と加速アシストにきわめて効果的であることを証明している。これから，キャパシタはどんどん使われていく。使われれば量産効果によって値段は下がるという，好循環の時代はすぐそこまで来ている。

日本でも 100 V，10 〜 15 A 程度のコンセントは至るところにあり，「ちょこちょこ充電」はいつでも実現可能である。

7.2.3 ワイヤレス ― だらだら給電 ―

「ちょこちょこ充電」を連続的により便利に行うための技術として，2007 年頃から盛んに研究開発が進んだ，磁界共振結合によるワイヤレス給電技術がきわめて重要な役割を担うことになるだろう。ワイヤレス給電の技術レベルは，2015 年頃では，50 cm 〜 1 m 程度の距離を，送受信コイル間効率 95％程度で送れる程度（図 7.2）であるが，簡単な中継コイルを用いて距離は数 m に伸ばすこともできる（図 7.3）[4]。

（a） ギャップ変動に強い

（b） 位置ずれに強い

下の円板に送信コイルが入っており，上の円板の受信コイルに電気を送って電球を光らせている。ギャップは高さ方向，位置は横方向の変位を意味する

図 7.2 ワイヤレス電力伝送実験

ワイヤレス給電が実現されれば，いちいちコンセントにプラグを差さなくても電気自動車への充電が可能になる。さらに，道路上にワイヤレス給電の設備が敷設されれば，電車のように走行中の電気自動車へも連続的に給電をすることが可能となる。

ワイヤレス給電のインフラを普及させるほうが，大容量の電池を積んだ電気

7.2 モータ/キャパシタ/ワイヤレス　167

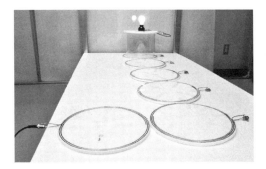

左手前のコイルに電流を流すと，電気は中継コイルを伝って一番奥のコイルまで順々に送られ，電球を光らせることができる

図 7.3 中継コイルによって伝送距離を伸ばす

自動車を普及させるより社会コストははるかに小さく，リチウムをはじめとする資源問題に左右されるリスクも避けられるはずである．100 年後には，かつて世間を騒がせたリチウムイオン電池自動車は，ガソリン車や燃料電池車とともに博物館でしか見られなくなっているだろう[5]．

ちょこちょこ充電の概念は，オートチャージを行う交通系 IC カード（Suica

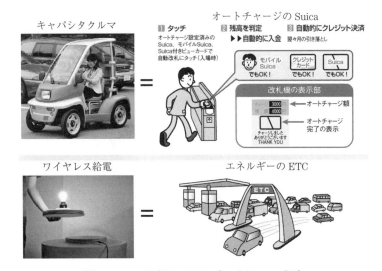

図 7.4 モータ/キャパシタ/ワイヤレスの概念

やIcoca）であり，ワイヤレス給電は「エネルギー版ETC」である（図7.4）。Suicaは昔は大きな駅でしかチャージできなかったが，だんだん使える範囲が広がるとともに，1回にチャージする額は少なくてよくなってきた．それと同じことが電気自動車にもいえる．SuicaやIcocaがそうであったように，すべてのインフラが整わなくても，できるところから導入していけばよい．クルマの中はすっかり情報化されインフラにつながっている現在，エネルギーだけ自前で持ち運ぶ理由はない．

道路への敷設を視野に入れれば，送電距離は数m，送電するパワーは10 kWを目指したい（図7.5）．現状ではまだ困難であるが，100年後には大きく進歩し，クルマの世界を大きく変えることになるだろう[6]．

図7.5 中央分離帯のガードレールからワイヤレス給電を受けてクルマが走る

7.3 100年ごとのパラダイムシフト

妹尾堅一郎によれば，世界は100年ごとのパラダイムシフトを経験してきたという．18世紀に生まれたコンセプトは「物質」である．次の100年（19世紀）には物質（モノ）を作るために産業革命が起こり，モノを運ぶ鉄道，船舶などのネットワークが構築された．19世紀のコンセプトは「エネルギー」で，そのつぎの100年（20世紀）には石油を中心とするエネルギー革命が起こり，

7.3 100年ごとのパラダイムシフト

表7.1　100年ごとのパラダイムシフト（妹尾堅一郎の講演から筆者作成）

	コンセプト	世界観	革命	ネットワーク
18世紀	物質	—	—	—
19世紀	エネルギー	↘唯物史観	→産業革命	→モノを運ぶ
20世紀	情報	↘宇宙観	→エネルギー革命	→エネルギーを運ぶ
21世紀		↘情報世界観	→情報革命	→情報を運ぶ

エネルギーを運ぶネットワークが世界を席捲した（**表7.1**）[7,8]。

そして21世紀は，20世紀に生まれたコンセプト「情報」を具現化する時代であって，今までとは異なる新しいビジネスモデルが必要だという。グーグル，アマゾン，アップルなどいわゆる勝ち組のやり方を見れば，ユーザは単なるインタフェースである安価な端末をもつだけであって，肝腎の知能はネットで接続されたCloud上にある。

iTunesで買うのは音楽そのものであってCDは必然ではないのと同じように，クルマで買うのは快適な移動と運転する楽しみというサービスだとすれば，また，クルマそのものを所有する喜びが現代の若者から消え去りつつあるとすれば，少なくとも大きなエネルギーを持ち運ぶエンジン車，電池電気自動車，燃料電池車はすでに時代錯誤の商品である。クルマがナビによってインフラに接続され，IoTによってますますネットにつながる時代に，エネルギーを自前で持ち運ぶクルマを所有する必然性はない。おそらく，100年後のクルマは，「エンジン」「リチウムイオン電池」「急速充電」に代わって，「モータ」「キャパシタ」「ワイヤレス」で走るだろう。これは，妹尾のいう産業構造論の流れに沿った，歴史の必然である。

電車のように，電気自動車に電力インフラから直接エネルギーを供給すれば，1充電当りの「航続距離」は意味を失う。停車中の「ちょこちょこ充電」と走行中の「だらだら給電」によって，クルマは大きなエネルギーを持ち運ばなくなるだろう。そこではクルマを電力系統につなぐ最後の数mを担う「ワイヤレス給電」が重要な役割を果たす。光ネットワークの大幹線はすぐそこまで来ており，最後の数mを高速Wi-Fiが担うこととよく似ている。さらにい

えば，クルマ会社が自社のクルマを売るために，給電インフラを整備しメンテすることになるかもしれない．鉄道では，給電インフラもそこを走る車両のどちらも同じ会社のものであるのと同じように．

クルマは自分で動き回れるという，電車にはない自由をもたなくてはならないから，数～数十 km を走る程度のエネルギーは自前でもつ必要があるだろう．電力を頻繁に出し入れするには，寿命の短い「化学電池」ではなく，数百万回の充放電に耐えられ，パワーに優れる物理電池「キャパシタ」を必要量だけ用いるのがよい．キャパシタは歴史の必然なのである．

7.4 キャパシタは「エネルギーと知恵の缶詰」

電気自動車への走行中給電においては，地上側設備は数 km にわたるからきわめて簡単なものにしなければならない．一方，車上側の設備はクルマの付加価値になるから高機能であってかまわない．地上と車上が 1 対 1 の設備をもち，制御信号を交換する現在の停車中ワイヤレス給電とはまったく別の技術である．その実現は容易ではない．しかしこの技術は「筋が良い」から，信念さえあれば必ず実現する．そして，キャパシタは「モータ / キャパシタ / ワイヤレス」というパラダイムのもとで，重要な役割を果たすことになるだろう．

本書で何度も述べられているように，キャパシタは，① 寿命が長い（化学変化を伴わない「物理電池」だから），② 大電流での充放電（特に充電）が可能でパワー密度に優れる，③ 重金属を用いず環境にやさしい，④ 端子電圧から残存エネルギーが容易にわかる，という電池にはない大きな特長がある．

これらの特長を活かした用途は，小さなものから電気自動車のような大きなものまでたくさんあり，「電気を無駄なくためて賢く使う」ために必要不可欠のデバイスである．

一方で，① 周辺の電子回路の知識が必要，② エネルギー密度が低い，という注意点もある．しかしこれらは本書で述べられている新しい技術によって克服していくことができる．これらの特性を正しく理解しながら，「エネルギー

と知恵の缶詰」ともいえるキャパシタを育てはぐくみ，有効に活用していきたいものである。

ティータイム

岡村廸夫さんの功績[10]

　この本の執筆に協力した「キャパシタフォーラム」は，2004年頃に岡村廸夫氏（故人）によって設立され，筆者が会長を引き継いでいる．大容量キャパシタの普及を目指す企業を主体とした集まりであり，岡村さんの遺志を継いでいる．

　岡村さんには，電気学会の電気自動車関係の委員会でのご講演と，電気学会誌に書いていただいた解説記事が機会となって急速に接近することになった．1999年から2000年にかけていくつもの長いメールを交わした．その後，「ECaSSフォーラム」は「キャパシタフォーラム」に名称を変え，運営の仕組みも変更して新しい船出となった．いくつかの選択肢があったが，岡村さんの築いたものを継続したいという会員の意見が強かった．

　私はいわゆるラジオ少年の端くれである．四国愛媛の片田舎で小学校まで過ごし，中学・高校は松山にあるキリスト教系の私立に通った．中学に入ってゲルマラジオやアンプなどに興味をもつようになった．田舎にはラジオデパートはなかったから，もっぱら雑誌CQの通販で秋葉原から部品を買った．10円20円の切手を同封すれば抵抗1本でも売ってくれた．昔の秋葉原にはそうやって地方のラジオ少年を育てる心意気があった．もとより採算度外視のサービスだったことは想像に難くない．大学に入って東京に来たら秋葉原は天国だった．毎週末にはうろうろしていた．

　ごく自然に目にするようになった電子回路のノウハウ本が数冊あった．その記述はじつに的確でかつ役に立った．不要なことは一切書かれておらず，一字一句の迫力に圧倒された．著者の岡村という人は，道を極めた雲の上の超巨人だった．よもやそのご本人に後日お会いしたり，ましてやフォーラムを引き継ぐことになるなどとは夢にも思わなかった．

　斎戒沐浴して臨んだ電気学会でのご講演に非常な感銘を受け，キャパシタの良さを知らなかった自分を恥じた．キャパシタの性能を引き出す周辺回路のアイディアは，いちいちもっともなことばかりであった．すべてが胃の中にストンと落ちるように感じた．いくつか質問もした．岡

村さんは「これだけの話をこれだけ瞬時に理解する人は滅多にいない」とほめてくれた。嬉しくて有頂天になった。

　国際会議にも同行した。岡村さんの英語は日本語とまったく同じで，必要かつ大事なことだけを簡潔に，子供に諭すように話された。ペラペラと饒舌な外国の研究者に一歩も引かず，結局その内容の論理性でぐうの音も出ず黙らせてしまう場面に何度も出くわした。

　今でもいろいろな場面で，岡村さんだったらどう言うかな？と考える。そちらの世界に行く頃には，少しましな手土産を持参したいと思っている。

引用・参考文献

2章

1) 岡村廸夫：電気二重層キャパシタと蓄電システム（第3版），日刊工業新聞社（2005）
2) https://www.scib.jp/product/cell.htm （2018年11月現在）
3) 高村　勉，佐藤祐一：ユーザのための電池読本，電気情報通信学会（1988）
4) 岡村廸夫 監修，木下繁則著：電気二重層キャパシタ〈EDLC〉の特性と上手な使い方，日刊工業新聞社（2010）

4章

1) 加地健太郎，田中謙司，秋元博路，張静，今村大地：リチウムイオン電池の劣化のモデル化に関する研究（第1報），2012自動車技術会秋季大会，No.20125632
2) 佐々木正和：多様なxEV BusへのLiB/EDLC適用の可能性検討，2016電気学会産業応用部門大会，4-S9-5
3) C. Rosenkranz：Deep Cycle Batteries for Plug-in Hybrid Application, EPI Workshop in EVS20, The 20th. Electric Vehicle Symposium（EVS20），USA（2003）

6章

1) 特許第2574730号（特願平3-233860）
2) 森本　剛，電化，Vol.77, No.6, pp.468-473（2009）
3) 日経産業新聞，2011年3月28日
4) Takuma Takeuchi, Takehiro Imura, Hiroshi Fujimoto, Yoichi Hori：Power Management of Wireless in-Wheel Motor by SOC Control of Wheel Side Lithium-ion Capacitor, IECON 2016 - 42nd Annual Conference of the IEEE Industrial Electronics Society（2016）
5) 田村英雄 監修：大容量電気二重層キャパシタの最前線（電子とイオンの機能化学シリーズ Vol.2），エヌ・ティー・エス（2002）

6) 直井勝彦, 西野 敦 監修:次世代キャパシタ開発最前線, エヌ・ティー・エス (2009)
7) T. Morimoto, K. Hiratsuka, Y. Sanada, K. Kurihara:J. Power Sources, Vol.60, Issue 2, pp.239-247 (1996)
8) Y. Honda, T. Haramoto, M. Takeshige, H. Shiozaki, T. Kitamura, K. Yoshikawa, M. Ishikawa:J Electrochem. Soc., Vol.155, No.12, pp.A930-A935 (2008)
9) O. Kimizuka, O. Tanaike, J. Yamashita, T. Hiraoka, D. N. Futaba, K. Hata, K. Machida, S. Suematsu, K. Tamamitsu, S. Saeki, Y. Yamada, H. Hatori:Carbon, Vol. 46, pp.1999-2001 (2008)
10) S. Ishimoto, Y. Asakawa, M. Shinya, K. Naoi:J. Electrochem. Soc., Vol.156, No.7, pp.A563-A571 (2009)
11) K. Chiba, T. Ueda, Y. Yamaguchi Y. Oki, F. Shimodate, K. Naoi:J. Electrochem. Soc., Vol.158, No.8, pp.A872-A882 (2011)
12) 日本ケミコン株式会社, プレスリリース, 2011年12月
13) 鈴木靖生:日経エレクトロニクス, 1059, 107 (2011)
14) G. G. Amatucci, F. Badway, A. D. Pasquier, T. Zheng:J. Electrochem. Soc., Vol.148, No.8, pp.A930-A939 (2001)
15) K. Naoi, S. Ishimoto, N. Ogihara, Y. Nakagawa, S. Hatta:J. Electrochem. Soc., Vol.156, No.1, pp.A52-A59 (2009)
16) K. Naoi, W. Naoi, S. Aoyagi, J. Miyamoto, T. Kamino:Accounts Chem. Res., in press
17) T. Ohzuku, A. Ueda, N. Yamamoto:J. Electrochem. Soc., Vol.142, No.5, pp.1431-1435 (1995)
18) M. M. Thackeray:J. Electrochem. Soc., Vol.142, No.8, pp.2558-2563 (1995)
19) A. N. Jansen, A. J. Kahaian, K. D. Kepler, P. A. Nelson, K. Amine, D. W. Dees, D. R. Vissers:J. Power Sources, Vol.81-82, pp.902-905 (1999)
20) S. Scharner, W. Weppner, P. Schmind-Beurmann:J. Electrochem. Soc., Vol.146, No.3, pp.857-861 (1999)
21) J. Shu:Electrochem. Solid-State Lett., Vol.11, No.12, pp.A238-A240 (2008)
22) L. Kavan, J. Procházka, T. M. Spitler, M. Kalbáč, M. Zukalová, T. Drezen, M. Grätzel:J. Electrochem. Soc., Vol.150, No.7, pp.A1000-A1007 (2003)
23) C. H. Chen, J. T. Vaughey, A. N. Jansen, D. W. Dees, A. J. Kahaian, T. Goacher, M. M. Thackeray:J. Electrochem. Soc., Vol.148, No.1, pp.A102-A104 (2001)
24) K. Naoi, S. Ishimoto, Y. Isobe, S. Aoyagi:J. Power Sources, Vol.195, Issue 18, 15, pp.6250-6254 (2010)

25) K. Naoi：Fuel Cells, Vol.**10**, Issue 5, pp.825–833（2010）
26) 日経ものづくり，May 2010，Vol.**22**（2010）
27) Batteries + Energy, Winter, Vol.**35**, 85（2012）
28) S. Shiraishi, et al.：J. Electrochem. Soc., Vol.**149**, No.7, pp.A855–A861（2002）
29) キャパシタフォーラムホームページ，http://capacitors-forum.org/jp/ （2018年11月現在）
30) 白石壮志：セラミックス，Vol.**50**，No.8，pp.633–636（2015）

7 章

1) Y. Hori：Future Vehicle driven by Electricity and Control -Research on 4 Wheel Motored 'UOT March II'-, IEEE Trans. on Industrial Electronics, Vol.**51**, No.5, pp.954–962（2004）
2) 堀　洋一：ガソリンと電気，自動車技術（巻頭言），Vol.**65**，No.7（2011）
3) 堀　洋一：上海万博とキャパシタバスなど，キャパシタフォーラム会報 6 号，pp.4–6（2011）
4) 横井行雄，居村岳広，高橋俊輔：日本におけるワイヤレス給電システムの技術動向と今後の展望，自動車技術，Vol.**66**，No.9，pp.94–98（2012）
5) 堀　洋一：ワイヤレス給電技術が生み出す新たなクルマ社会，OHM，2 月号，pp.18–20（2013）
6) 堀　洋一：100 年後のクルマとエネルギー（巻頭言），電気学会誌，Vol.**134**，No.2，p.1（2014）
7) 妹尾堅一郎・生越由美：社会と知的財産，放送大学教育振興会，pp.160–170，ISBN4595308396（2008）
8) 経済産業省・特許庁：事業戦略と知的財産マネジメント，発明協会，pp.10–24，ISBN4827109699（2010）
9) 「モータ」「キャパシタ」「ワイヤレス」というパラダイム，OHM，3 月号，p.4（2016）
10) 堀　洋一：岡村さん，ごきげんよう！　岡村廸夫先生を偲んで（追悼集），キャパシタフォーラム（2014）

―― 編著者略歴 ――

直井　勝彦（なおい　かつひこ）
1980 年　早稲田大学理工学部応用化学科
　　　　　卒業
1982 年　早稲田大学大学院理工学研究科
　　　　　修士課程修了（応用化学専攻）
1982 年　ドイツ BASF 社（Ludwigshafen）
　　　　　応用技術研究所
1988 年　早稲田大学大学院理工学研究科
　　　　　博士課程修了（応用化学専攻）
　　　　　工学博士
1988 年　米国ミネソタ大学博士研究員
1990 年　東京農工大学講師
1995 年　東京農工大学助教授
2001 年　東京農工大学教授
　　　　　現在に至る

堀　洋一（ほり　よういち）
1978 年　東京大学工学部電気工学科卒業
1983 年　東京大学大学院工学系研究科
　　　　　博士課程修了（電子工学専攻），
　　　　　工学博士
1983 年　東京大学助手
1984 年　東京大学講師
1988 年　東京大学助教授
1991 年　米国カリフォルニア大学
　　　　　バークレー校客員研究員
2000 年　東京大学教授
　　　　　現在に至る

大容量キャパシタ
― 電気を無駄なくためて賢く使う ―

Ⓒ 一般社団法人 日本エネルギー学会　2019

2019 年 1 月 7 日　初版第 1 刷発行

検印省略	編　　者	一般社団法人 日本エネルギー学会 ホームページ www.jie.or.jp	
	編著者	直　井　勝　彦 堀　　　洋　一	
	発行者	株式会社　　コ ロ ナ 社 代表者　牛来真也	
	印刷所	萩原印刷株式会社	
	製本所	有限会社　愛千製本所	

112-0011　東京都文京区千石 4-46-10
発行所　株式会社　コ ロ ナ 社
CORONA PUBLISHING CO., LTD.
Tokyo Japan
振替 00140-8-14844・電話(03)3941-3131(代)
ホームページ　http://www.coronasha.co.jp

ISBN 978-4-339-06834-3　C3354　Printed in Japan　（柏原）

本書のコピー，スキャン，デジタル化等の無断複製・転載は著作権法上での例外を除き禁じられています。
購入者以外の第三者による本書の電子データ化及び電子書籍化は，いかなる場合も認めていません。
落丁・乱丁はお取替えいたします。

カーボンナノチューブ・グラフェンハンドブック

フラーレン・ナノチューブ・グラフェン学会 編
B5判／368頁／本体10,000円／箱入り上製本

監　　修：飯島　澄男，遠藤　守信
委 員 長：齋藤　弥八
委　　員：榎　敏明，斎藤　晋，齋藤理一郎，
（五十音順）篠原　久典，中嶋　直敏，水谷　孝
(編集委員会発足時)

本ハンドブックでは，カーボンナノチューブの基本的事項を解説しながら，エレクトロニクスへの応用，近赤外発光と吸収によるナノチューブの評価と光通信への応用の可能性を概観。最近嘱目のグラフェンやナノリスクについても触れた。

【目次】

1. CNTの作製
   1.1 熱分解法／1.2 アーク放電法／1.3 レーザー蒸発法／1.4 その他の作製法
2. CNTの精製
   2.1 SWCNT／2.2 MWCNT
3. CNTの構造と成長機構
   3.1 SWCNT／3.2 MWCNT／3.3 特殊なCNTと関連物質／3.4 CNT成長のTEMその場観察／3.5 ナノカーボンの原子分解能TEM観察
4. CNTの電子構造と輸送特性
   4.1 グラフェン，CNTの電子構造／4.2 グラフェン，CNTの電気伝導特性
5. CNTの電気的性質
   5.1 SWCNTの電子準位／5.2 CNTの電気伝導／5.3 磁場応答／5.4 ナノ炭素の磁気状態
6. CNTの機械的性質および熱的性質
   6.1 CNTの機械的性質／6.2 CNT撚糸の作製と特性／6.3 CNTの熱的性質
7. CNTの物質設計と第一原理計算
   7.1 CNT，ナノカーボンの構造安定性と物質設計／7.2 強度設計／7.3 時間発展計算／7.4 CNT大規模複合構造体の理論
8. CNTの光学的性質
   8.1 CNTの光学遷移／8.2 CNTの光吸収と発光／8.3 グラファイトの格子振動／8.4 CNTの格子振動／8.5 ラマン散乱スペクトル／8.6 非線形光学効果
9. CNTの可溶化，機能化
   9.1 物理的可溶化および化学的可溶化／9.2 機能化
10. 内包型CNT
    10.1 ピーポッド／10.2 水内包SWCNT／10.3 酸素など気体分子内包SWCNT／10.4 有機分子内包SWCNT／10.5 微小径ナノワイヤー内包CNT／10.6 金属ナノワイヤー内包CNT
11. CNTの応用
    11.1 複合材料／11.2 電界放出電子源／11.3 電池電極材料／11.4 エレクトロニクス／11.5 フォトニクス／11.6 MEMS, NEMS／11.7 ガスの吸着と貯蔵／11.8 触媒の担持／11.9 ドラッグデリバリーシステム／11.10 医療応用
12. グラフェンと薄層グラファイト
    12.1 グラフェンの作製／12.2 グラフェンの物理／12.3 グラフェンの化学
13. CNTの生体影響とリスク
    13.1 CNTの安全性／13.2 ナノカーボンの安全性

定価は本体価格+税です。
定価は変更されることがありますのでご了承下さい。

図書目録進呈◆

電気・電子系教科書シリーズ

(各巻A5判)

- ■編集委員長　高橋　寛
- ■幹　　　事　湯田幸八
- ■編集委員　　江間　敏・竹下鉄夫・多田泰芳
  　　　　　　　中澤達夫・西山明彦

配本順		書名	著者	頁	本体
1.	(16回)	電気基礎	柴田尚志・皆藤新芳・田多泰志 共著	252	3000円
2.	(14回)	電磁気学	多田泰尚・柴田志 共著	304	3600円
3.	(21回)	電気回路Ⅰ	柴田　尚志 著	248	3000円
4.	(3回)	電気回路Ⅱ	遠藤　勲・鈴木靖・吉澤純編著	208	2600円
5.	(27回)	電気・電子計測工学	吉田昌典・降矢恵・福村拓雄・高山和巳・西明二・下西郎 共著	222	2800円
6.	(8回)	制御工学	奥平鎮正 共著	216	2600円
7.	(18回)	ディジタル制御	青木　俊幸・西堀　立 共著	202	2500円
8.	(25回)	ロボット工学	白水俊次 著	240	3000円
9.	(1回)	電子工学基礎	中澤達夫・藤原勝幸 共著	174	2200円
10.	(6回)	半導体工学	渡辺英夫 著	160	2000円
11.	(15回)	電気・電子材料	中澤・押山・森田・服部 共著	208	2500円
12.	(13回)	電子回路	須原健二・土田英充・伊原弘二 共著	238	2800円
13.	(2回)	ディジタル回路	若海博夫・吉澤昌純・室賀進也 共著	240	2800円
14.	(11回)	情報リテラシー入門	山下　巌 共著	176	2200円
15.	(19回)	C++プログラミング入門	湯田幸八 著	256	2800円
16.	(22回)	マイクロコンピュータ制御プログラミング入門	柚賀正光・千代谷慶 共著	244	3000円
17.	(17回)	計算機システム(改訂版)	春日健・舘泉雄治 共著	240	2800円
18.	(10回)	アルゴリズムとデータ構造	湯田幸八・伊原充博 共著	252	3000円
19.	(7回)	電気機器工学	前田勉・新谷邦弘 共著	222	2700円
20.	(9回)	パワーエレクトロニクス	江間敏・高橋勲 共著	202	2500円
21.	(28回)	電力工学(改訂版)	江間敏・甲斐隆章 共著	296	3000円
22.	(5回)	情報理論	三木成彦・吉川英機 共著	216	2600円
23.	(26回)	通信工学	竹下鉄夫・吉川英豊機 共著	198	2500円
24.	(24回)	電波工学	松田豊稔・宮田克正・南部幸久 共著	238	2800円
25.	(23回)	情報通信システム(改訂版)	岡田裕・桑原裕史・植月唯夫 共著	206	2500円
26.	(20回)	高電圧工学	原　雅則・松原孝夫・箕松　史志 共著	216	2800円

定価は本体価格+税です。
定価は変更されることがありますのでご了承下さい。

◆図書目録進呈◆

コロナ社創立80周年記念出版〔創立1927年〕

電気鉄道ハンドブック

電気鉄道ハンドブック編集委員会 編
B5判／1,002頁／本体30,000円／上製・箱入り

監修代表：持永芳文（(株)ジェイアール総研電気システム）
監　　修：曽根　悟（工学院大学），望月　旭（(株)東芝）
編集委員：油谷浩助（富士電機システムズ(株)），荻原俊夫（東京急行電鉄(株)）
（五十音順）　水間　毅（(独)交通安全環境研究所），渡辺郁夫（(財)鉄道総合技術研究所）
（編集委員会発足時）

21世紀の重要課題である環境問題対策の観点などから，世界的に個別交通から公共交通への重要性が高まっている。本書は電気鉄道の技術発展に寄与するため，電気鉄道技術に関わる「電気鉄道技術全般」をハンドブックにまとめている。

【目 次】

1章　総　論
電気鉄道の歴史と電気方式／電気鉄道の社会的特性／鉄道の安全性と信頼性／電気鉄道と環境／鉄道事業制度と関連法規／鉄道システムにおける境界技術／電気鉄道における今後の動向

2章　線路・構造物
線路一般／軌道構造／曲線／軌道管理／軌道と列車速度／脱線／構造物／停車場・車両基地／列車防護

3章　電気車の性能と制御
鉄道車両の種類と変遷／車両性能と定格／直流電気車の速度制御／交流電気車の制御／ブレーキ制御

4章　電気車の機器と構成
電気車の主回路構成と機器／補助回路と補助電源／車両情報・制御システム／車体／台車と駆動装置／車両の運動／車両と列車編成／高速鉄道／電気機関車／電源搭載式電気車両／車両の保守／環境と車両

5章　列車運転
運転性能／信号システムと運転／運転時隔／運転時間・余裕時間／列車群計画／運転取扱い／運転整理／運行管理システム

6章　集電システム
集電システム一般／カテナリ式電車線の構成／カテナリ式電車線の特性／サードレール・剛体電車線／架線とパンタグラフの相互作用／高速化／集電系騒音／電車線の計測／電車線路の保全

7章　電力供給方式
電気方式／直流き電回路／直流き電用変電所／交流き電回路／交流き電用変電所／帰線と誘導障害／絶縁協調／電源との協調／電灯・電力設備／電力系統制御システム／変電設備の耐震性／変電所の保全

8章　信号保安システム
信号システム一般／列車検知／間隔制御／進路制御／踏切保安装置／信号用電源・信号ケーブル／信号回路のEMC/EMI／信頼性評価／信号設備の保全／新しい列車制御システム

9章　鉄道通信
鉄道と通信網／鉄道における移動無線通信

10章　営業サービス
旅客営業制度／アクセス・乗継ぎ・イグレス／旅客案内／付帯サービス／貨物関係情報システム

11章　都市交通システム
都市交通システムの体系と特徴／路面電車の発展とLRT／ゴムタイヤ都市交通システム／リニアモータ式都市交通システム／ロープ駆動システム・急こう配システム／無軌条交通システム／その他の交通システム・都市交通の今後の動向

12章　磁気浮上式鉄道
磁気浮上式鉄道の種類と特徴／超電導磁気浮上式鉄道／常電導磁気浮上式鉄道

13章　海外の電気鉄道
日本の鉄道の位置づけ／海外の主要鉄道／海外の注目すべき技術とサービス／電気車の特徴／電力供給方式／列車制御システム／貨物鉄道

定価は本体価格+税です。
定価は変更されることがありますのでご了承下さい。

図書目録進呈◆

エコトピア科学シリーズ

■名古屋大学未来材料・システム研究所 編（各巻A5判）

			頁	本体
1.	エコトピア科学概論 ―持続可能な環境調和型社会実現のために―	田原　譲他著	208	2800円
2.	環境調和型社会のためのナノ材料科学	余語利信他著	186	2600円
3.	環境調和型社会のためのエネルギー科学	長崎正雅他著	238	3500円

シリーズ　21世紀のエネルギー

■日本エネルギー学会編　　　（各巻A5判）

			頁	本体
1.	21世紀が危ない ―環境問題とエネルギー―	小島紀徳著	144	1700円
2.	エネルギーと国の役割 ―地球温暖化時代の税制を考える―	十市・小川・佐川 共著	154	1700円
3.	風と太陽と海 ―さわやかな自然エネルギー―	牛山　泉他著	158	1900円
4.	物質文明を超えて ―資源・環境革命の21世紀	佐伯康治著	168	2000円
5.	Cの科学と技術 ―炭素材料の不思議―	白石・大谷・京谷・山田 共著	148	1700円
6.	ごみゼロ社会は実現できるか	行立・本田・西 共著	142	1700円
7.	太陽の恵みバイオマス ―CO₂を出さないこれからのエネルギー―	松村幸彦著	156	1800円
8.	石油資源の行方 ―石油資源はあとどれくらいあるのか―	JOGMEC調査部編	188	2300円
9.	原子力の過去・現在・未来 ―原子力の復権はあるか	山地憲治著	170	2000円
10.	太陽熱発電・燃料化技術 ―太陽熱から電力・燃料をつくる―	吉田・児玉・郷右近 共著	174	2200円
11.	「エネルギー学」への招待 ―持続可能な発展に向けて―	内山洋司編著	176	2200円
12.	21世紀の太陽光発電 ―テラワット・チャレンジ―	荒川裕則著	200	2500円
13.	森林バイオマスの恵み ―日本の森林の現状と再生―	松村・吉岡・山崎 共著	174	2200円
14.	大容量キャパシタ ―電気を無駄なくためて賢く使う―	直井・堀 編著	188	2500円

以下続刊

エネルギーフローアプローチによる省エネ　　駒井敬一著
新しいバイオ固形燃料 ―バイオコークス―　　井田民男著

定価は本体価格+税です。
定価は変更されることがありますのでご了承下さい。

図書目録進呈◆